● 太原科技大学科研启动基金资助（W20232018）
● 山西省优秀来晋博士科研资助（W20242005）

可再生能源发电侧储能技术的效益评价与路径选择研究

李 慧◎著

经济管理出版社
ECONOMY & MANAGEMENT PUBLISHING HOUSE

图书在版编目（CIP）数据

可再生能源发电侧储能技术的效益评价与路径选择研
究／李慧著. -- 北京 ：经济管理出版社，2024.
ISBN 978-7-5243-0140-0

Ⅰ．TK01

中国国家版本馆 CIP 数据核字第 2025003RL4 号

组稿编辑：丁慧敏
责任编辑：丁慧敏
责任印制：许　艳

出版发行：经济管理出版社
　　　　　（北京市海淀区北蜂窝 8 号中雅大厦 A 座 11 层　100038）
网　　　址：www. E-mp. com. cn
电　　　话：（010）51915602
印　　　刷：北京晨旭印刷厂
经　　　销：新华书店
开　　　本：720mm×1000mm/16
印　　　张：12. 75
字　　　数：200 千字
版　　　次：2025 年 2 月第 1 版　　2025 年 2 月第 1 次印刷
书　　　号：ISBN 978-7-5243-0140-0
定　　　价：98. 00 元

前　言

　　发电侧储能可以平抑可再生能源的间歇性，提高可再生能源电力的利用率，是提高电力系统安全经济运行水平、解决可再生能源电力消纳问题的有效措施，对于"碳达峰、碳中和"目标的实现具有重要的意义。可再生能源发电侧储能技术的效益评价与路径选择是储能规划的重要环节，也是可再生能源发电企业亟待解决的问题之一。已有研究论证了可再生能源发电侧储能技术的可行性，如何在经济效益、环境效益和投资风险等综合视角下，确定可再生能源发电侧储能技术的最优技术路径还需要进一步研究。因此，本书在理论体系创新和实践应用方面具有十分重要的意义。

　　为了对可再生能源发电侧储能技术的效益和路径选择进行研究，本书以抽水蓄能、压缩空气储能、磷酸铁锂电池储能和风电电解水制氢为研究对象，构建了兼顾能源、经济、环境、技术与社会多维度的可再生能源发电侧储能技术效益评价与路径选择理论分析框架。在此基础上，本书对可再生能源发电侧储能技术的经济效益、环境效益和投资风险进行了研究，构建了可再生能源发电侧储能技术路径选择模型，提出企业单一目标和多目标组合下的发电侧储能技术路径选择方案。本书的主要研究内容和研究结果如下：

　　（1）在可再生能源发电侧储能技术效益评价与路径选择的理论分析方面，本书首先分析了可再生能源发电侧储能系统的构成及运行机制，明确了本书的研究范围；其次，分析了可再生能源发电侧储能的系统功能，揭示了可再生能源发电侧储能对能源—经济—环境系统的影响机理；最后，从经济效益、环境效益、投资风险和技术路径选择四个方面对可再生能源发电侧储能技术的相关理论进行分析。在此基础上，构建了兼顾能源、经济、环境、技术与社会多维度的可再生能源发电侧储能技术效益评价与路径选择理论分析框架。

（2）在可再生能源发电侧储能技术的经济效益方面，本书构建了可再生能源发电侧储能技术成本收益模型，对可再生能源发电侧储能技术的经济效益进行研究，同时对不同发电侧储能技术的平准化成本进行比较，并以风电电解水制氢技术为例进行了盈利能力分析和敏感性分析。研究结果表明：平准化成本由低到高依次是风电电解水制氢、抽水蓄能、压缩空气储能和磷酸铁锂电池储能。平准化成本主要来源于投资成本和运维成本。影响风电电解水制氢平准化制氢成本的重要因素是技术进步、风电电价和转换器效率。影响风电电解水制氢净现值和内部收益率的重要因素是氢气价格、电解槽能源消耗强度和风电电价。

（3）在可再生能源发电侧储能技术的环境效益方面，本书利用生命周期评价法对可再生能源发电侧储能技术的大气特征物质排放量、生态环境影响和资源消耗量进行了研究，分析了主要材料投入量的变化对发电侧储能技术环境效益的影响。研究结果表明：抽水蓄能和磷酸铁锂电池储能的 CO_2 排放主要发生在生产阶段，压缩空气储能和风电电解水制氢的 CO_2 排放主要发生在运行阶段。生态环境影响由高到低依次是磷酸铁锂电池储能、压缩空气储能、风电电解水制氢和抽水蓄能。对抽水蓄能环境效益最敏感的材料是铁、柴油和水泥，对磷酸铁锂电池储能环境效益最敏感的材料是丁苯橡胶、聚偏氟乙烯和磷酸铁锂，对压缩空气储能和风电电解水制氢环境效益最敏感的是电力。

（4）在可再生能源发电侧储能技术的投资风险方面，本书构建了可再生能源发电侧储能技术投资风险评价模型，基于模糊综合评价法对不同发电侧储能技术的投资风险进行评价。研究结果表明：可再生能源发电侧储能技术的投资风险为中风险，投资风险水平由高到低依次是风电电解水制氢、磷酸铁锂电池储能、压缩空气储能和抽水蓄能。以风电电解水制氢技术为例，一级指标风险由高到低依次是技术风险、管理风险、环境风险、经济风险、市场风险和政策风险，其中技术风险、管理风险和环境风险属于高风险，是决策者需要重点关注的风险。

（5）在可再生能源发电侧储能技术路径选择方面，本书构建了基于区间二型梯形模糊集 PROMETHEE-II 的可再生能源发电侧储能技术路径选择模型，对发电侧储能技术进行综合评价并确定最佳的技术路径方案，分析了企业单一目标和多目标组合对可再生能源发电侧储能技术路径选择的影响。研究结果表明：可再生能源发电侧储能技术的最优选择顺序为抽水蓄能、风电电解水制氢、压缩空气储能和磷酸铁锂电池储能。当企业考虑经济效益优先、绿色发展优先和社会效益优先时，企业会优先选择风电电解水制氢技术；当企业考虑技术优先和资源节约优先时，抽水蓄能成为最好的技术选择；当企业采取多目标组合时，大部分情景下抽水蓄能是最优的技术选择，磷酸铁锂电池储能是最差的技术选择。

根据上述研究结果，本书提出了可再生能源发电侧储能技术效益提升与路径选择的相关对策。①可再生能源发电企业可以加大储能技术的研发投入，引进先进的储能设备，利用技术进步强化规模效应，促进发电侧储能投资成本的下降。同时，积极参与辅助服务市场，多渠道拓宽发电侧储能的收益来源。②企业需要制定发电侧储能技术污染防治方案，加强环境监测与管理，关注污染物排放的关键阶段，降低高敏感度材料的使用。③企业需要重点关注发电侧储能技术的高风险指标，提出相应的风险防范措施。同时，加强发电侧储能全生命周期风险管理，设置风险预警系统。④企业除了需要考虑储能技术的综合效益外，还应结合自身的发展目标，制定与企业发展目标相适应的发电侧储能技术路径方案。

　　本书对可再生能源发电侧储能技术的经济效益、环境效益和投资风险进行了研究，提出企业单一目标和多目标组合下的发电侧储能技术路径方案。本书的创新工作体现在以下方面：①构建了兼顾能源、经济、环境、技术与社会多维度的可再生能源发电侧储能技术效益评价与路径选择的理论分析框架。②构建了考虑模糊性与不确定性的可再生能源发电侧储能技术路径选择模型。③建立了可再生能源电解水制氢和传统储能技术经济效益和环境效益对比的统一标准。④构建了经济、技术、环境、管理、市场和政策多维度相融合的可再生能源发电侧储能技术投资风险评价指标体系。本书的研究成果能够为可再生能源发电侧储能技术的投资决策提供参考，有利于推动"碳达峰、碳中和"目标的顺利实现。

目　录

第1章　绪论

1.1　研究背景与问题提出

1.1.1　研究背景

电力行业清洁低碳转型是实现可持续绿色发展的内在要求，也是我国实现碳达峰、碳中和目标的必然选择[1]。作为实现碳达峰、碳中和目标的关键领域之一，电力行业的重点任务是积极构建以可再生能源为主体的电力系统[2,3]。近年来，我国以风力发电和光伏发电为代表的可再生能源发电技术装机规模和发电量迅速增加。2022年我国可再生能源新增装机1.52亿千瓦，占全国新增发电装机的76.2%，可再生能源发电量2.7万亿千瓦时，占全国新增发电量的81%，可再生能源已经成为我国电力新增装机和新增发电量的主体[4]。但是，由于风光资源具有随机性、间歇性和波动性的特点，不能长时间持续、稳定地输出电能，同时我国可再生能源就地消纳能力有限、电网输送能力不足，导致可再生能源电力消纳困难，"弃风、弃光"现象严重[2,5]。2016~2021 年我国"弃风、弃光"情况如图 1-1 所示，近年来，我国"弃风、弃光"现象虽有所缓解但依然存在，可再生能源电力"消纳难"成为我国能源结构进一步优化的屏障。因此，提高风力发电和光伏发电的利用率成为构建低碳电力系统亟须解决的问题。

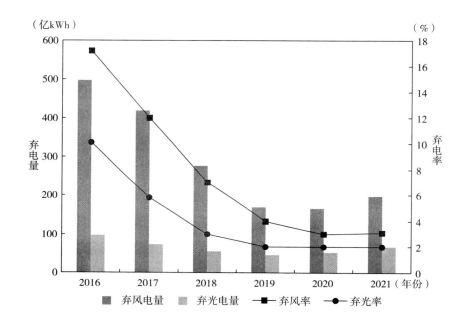

图 1-1　2016~2021 年我国"弃风、弃光"情况

数据来源： 国家能源局网站[6,7]。

发电侧储能被认为是解决可再生能源电力消纳问题的重要途径，也是提高电力系统安全稳定性的有效措施[2,3,8]。发电侧储能在电力系统中发挥着重要作用，主要体现在以下五个方面：①在确保输出连续稳定方面，可以平滑输出曲线，有效调整功率；②在参与电源调频调压辅助服务方面，可以增强发电侧频率和电压调节能力；③在确保电能质量方面，可以保证电力输出品质，提高电力可靠性；④在"削峰填谷"方面，可以降低电网供电负担，合理控制峰谷差；⑤在无功补偿方面，可以协助无功补偿装置，抑制电压波动和闪变[9,10]。另外，发电侧储能还可以作为电压源实现"黑启动"发电，有效提高局域电网的供电恢复速度。

因此，发电侧储能成为实现可再生能源大规模并网与构建低碳电力系统的重要支撑技术，可以提高可再生能源电力的利用率，促进可再生能源的发展，还可以改善并网电能质量，保障电网运行安全，对于电力系统的绿色低碳转型和"碳达峰、碳中和"目标的顺利实现具有重要意义。

1.1.2 问题提出

作为实现"碳达峰、碳中和"目标的关键支撑技术，发电侧储能技术受到了越来越多的关注，尤其受到了可再生能源发电企业的青睐。然而，发电侧储能技术的投资决策面临着诸多需要解决的问题，主要体现在以下三方面：

首先，现阶段发电侧储能技术的初始投资成本较高，运行收益较低，导致发电侧储能技术的经济效益尚未充分体现，而且发电侧储能产生经济效益的同时，也会给生态环境带来一定的影响。因此，有必要对发电侧储能技术的经济效益和环境效益进行科学评价，对其影响因素进行详细分析，为发电侧储能技术的效益优化提供依据。

其次，发电侧储能技术面临着各种风险和不确定性，特别是在电力行业和储能行业快速发展的背景下，技术进步、市场需求和政策变化等带来了各种风险，对发电侧储能技术产生了一定的影响。因此，关于可再生能源发电侧储能技术投资风险的研究也不容忽视。

最后，不同发电侧储能技术的经济效益、环境效益和风险水平存在差异，投资者做出决策时，往往还需要考虑其他因素，如技术因素、社会因素和资源利用因素。因此，需要从经济、环境、技术、社会和资源角度综合建立可再生能源发电侧储能技术路径选择模型。另外，企业的发展目标具有多样性，单一目标和多目标组合下如何对发电侧储能技术进行综合评价并确定最佳的技术路径方案值得深入研究。

对上述问题的研究有利于提高可再生能源发电侧储能技术的经济效益和环境效益，降低投资风险，帮助决策者做出合理的投资选择，进一步推动发电侧储能技术的应用和发展，从长远来看，不仅有助于解决"弃风、弃光"问题，还可以保障能源安全、促进能源高质量发展，推动"碳达峰、碳中和"目标的实现。

1.2　国内外研究现状

本书系统回顾了储能技术的相关文献，对现有研究成果进行了归纳总结。本节将从可再生能源发电侧储能技术的研究现状、可再生能源发电侧储能技术经济效益的研究现状、可再生能源发电侧储能技术环境效益的研究现状、可再生能源发电侧储能技术投资风险的研究现状和可再生能源发电侧储能技术路径选择的研究现状五个方面进行综述。

1.2.1　可再生能源发电侧储能技术的研究现状

近年来，国家和地方政府相继出台了一系列支持可再生能源配套储能的政策，可再生能源发电侧储能得到了快速发展，国内外学者对于可再生能源发电侧储能的研究也越来越多，学者们从不同方面论证了可再生能源发电侧储能的可行性。

在可再生能源发电侧储能的技术可行性方面，曹蓓等（2021）从系统配置和电网连接两方面对风电耦合制氢技术进行了研究，指出了风电耦合制氢的优势，证明风电耦合制氢在技术上是可行的[11]。张宝锋等（2020）从电化学储能电池本体技术、电化学储能与可再生能源集成关键技术、结构设计方面论证了可再生能源发电配置储能的可行性[9]。还有学者从可再生能源发电侧储能技术的应用价值方面对其可行性进行论述。例如，张文建等（2020）通过对电化学储能技术路线的详细阐述，证明了电化学储能技术在可再生能源并网、电网辅助服务等方面的重要作用[12]。Elberry 等（2021）研究了可再生能源电力制氢对芬兰发电系统的影响，结果表明可再生能源制氢可以有效降低电力系统的二氧化碳排放，是电力系统低碳转型的关键支撑技术[13]。

在可再生能源发电侧储能的经济可行性方面，刘坚（2022）以我国西部地区新能源配置储能为案例，通过分析锂离子电池和钠离子电池的成本下降潜力，证明了锂离子电池和钠离子电池在未来新能源消纳场景中的经济可行性[14]。Liu 等（2022）以太阳能发电厂为研究对象，通过对比电池储能系统和储热系统，发现低成本情景下光伏电站配置电池储能系统比配置储热系统更具有经济竞争力[15]。为了验证风氢联合系统的经济可行性，蔡国伟等（2019）提出了基于风-氢气电热联合系统的经济模型，与传统的单一燃气能源供应形式进行比较，结果表明电转气在能源利用与节能减排方面具有巨大的经济效益[16]。孙彩等（2021）比较了微电网系统中余电制氢和余电上网两种方式的成本和收益，发现余电制氢不仅比余电上网更具有经济性，还可以延缓电网建设，有效减少电力传输损耗[17]。

以上研究成果充分论证了可再生能源发电侧储能的技术可行性和经济可行性，为本书对可再生能源发电侧储能技术进行深入研究奠定了基础。

1.2.2　可再生能源发电侧储能技术经济效益的研究现状

目前，我国大部分储能项目处于示范阶段，没有得到规模性应用，这是因为储能技术的投资决策面临着许多不确定性问题，其中最主要的是储能技术的经济效益问题。经济效益是决定储能技术大规模应用和推广的重要因素，会直接影响储能技术的投资决策。因此，本书从经济效益相关指标和相关方法两个方面对有关文献进行了梳理，为可再生能源发电侧储能技术经济效益的研究提供了参考。

1.2.2.1 可再生能源发电侧储能技术经济效益研究的相关指标

目前，关于储能技术经济效益的研究主要从成本和盈利能力两方面展开，相关指标如表1-1所示。

表1-1 储能技术经济效益的相关指标

类别	指标	代表性文献
成本	平准化电力成本	[18-29]
	平准化制氢成本	[23, 30-33]
	平准化储能成本	[14, 24, 34, 35]
盈利能力	净现值	[17, 22, 23, 25-27, 32, 36, 37]
	内部收益率	[23, 26, 27, 32, 36, 37]
	投资回收期	[23, 27, 32, 36-38]

在储能技术成本方面，常用的指标有平准化电力成本、平准化制氢成本和平准化储能成本[23,24,33]。例如，刘阳等（2023）利用平准化电力成本指标对锂离子电池、铅酸电池、钠硫电池和全钒液流电池四种电化学储能技术的经济性进行分析和对比[29]。王彦哲等（2022）建立了基于学习曲线的平准化制氢成本模型，对我国2020~2060年灰氢、蓝氢和绿氢的成本变化趋势进行了测算[31]。Mostafa等（2020）利用平准化储能成本指标对长期储能场景、中期储能场景和短期储能场景中不同储能技术的成本进行了研究[24]。

在储能技术盈利能力方面，常用的指标有净现值、内部收益率和投资回收期[36-38]。例如，刘英军等（2021）利用净现值指标比较了风电储能项目中电化学储能系统和电供热系统的盈利能力，得到了系统补贴边界条件[26]。Liu等（2020）以我国剩余可再生能源电力制氢项目为研究对象，通过内部收益率指标对项目的盈利能力进行了研究[23]。Fang（2019）利用投资回收期指标分析了风-氢综合能源系统的盈利能力，发现合理选择风电制氢功率比可以有效缩短系统的投资回收期[38]。

1.2.2.2　可再生能源发电侧储能技术经济效益研究的相关方法

储能技术经济效益研究常用的方法是生命周期成本分析法[22,37]。例如，徐若晨等（2021）将电化学储能和抽水蓄能的生命周期成本分解为投资成本、更换成本、运行维护成本、充电成本以及回收处理成本，利用生命周期成本分析法计算了电化学储能、抽水蓄能和压缩空气储能的度电成本[18]。何颖源等（2019）以生命周期成本分析法为基础，将储能技术的投资成本进一步细化为储能系统成本、功率转换成本和土建成本，对储能技术的度电成本和里程成本进行了分析[19]。生命周期成本分析法不仅可以用来计算储能技术的度电成本，还可以用来比较不同的储能技术替代方案，为储能技术的投资决策提供参考[39]。例如，文军等（2021）利用生命周期成本分析法比较了抽水蓄能、压缩空气储能和磷酸铁锂电池储能的平准化电力成本，结果表明，利用"弃风、弃光"充电时，压缩空气储能的经济性最优，其平准化电力成本约是磷酸铁锂电池储能的一半[22]。为了进一步分析压缩空气储能的经济效益，Zhou 等（2020）基于生命周期成本分析法对传统压缩空气储能和先进绝热压缩空气储能的经济效益进行比较，发现随着容量增加，先进绝热压缩空气储能的经济优势越来越明显，未来将具有很强的经济竞争力[37]。

由以上分析可以看出，关于储能技术经济效益的研究已经取得了大量的成果，为本书可再生能源发电侧储能技术经济效益的研究奠定了基础。但是，已有的研究更多关注的是抽水蓄能、压缩空气储能和电化学储能等传统储能技术，对于可再生能源电解水制氢的研究较少，没有在统一标准下对可再生能源电解水制氢和传统储能技术进行比较，也没有对影响可再生能源电解水制氢经济效益的因素进行深入剖析。因此，在现有研究的基础上，本书将可再生能源电解水制氢纳入研究体系，在统一的标准下对可再生能源电解水制氢和传统储能技术的生命周期成本进行比较，分析电解槽能源消耗强度、电解槽价格和风电电价等因素对可再生能源电解水制氢经济效益的影响，为可再生能源发电侧储能技术的成本优化提供依据。

1.2.3 可再生能源发电侧储能技术环境效益的研究现状

储能技术通过"削峰填谷"、参与电网辅助服务等产生经济效益，同时也会给生态环境带来一定的影响。因此，学者们在关注储能技术经济效益的同时也开始关注储能技术的环境效益。

1.2.3.1 可再生能源发电侧储能技术环境效益研究的相关指标

目前，关于储能技术环境效益的研究主要从温室气体排放、生态环境影响和资源消耗三个方面展开，相关指标如表1-2所示。

表1-2 储能技术环境效益的相关指标

类别	指标	代表性文献
温室气体排放	碳排放	[33，40-43]
生态环境影响	全球变暖潜值	[41，44-49]
	酸化潜值	[41，44-49]
	臭氧破坏	[41，44-48]
	人体毒性	[41，44-46]
	其他生态环境影响	[41，44-47，49]
资源消耗	化石能源和矿产资源消耗	[44，48-52]
	水资源消耗	[43，45，51-53]
	土地资源消耗	[52，54]

在温室气体排放方面，学者们重点关注的指标是碳排放，相关的研究聚焦在碳排放量的测算、碳排放影响因素的研究以及碳减排路径的研究[33,40-42]。例如，郑励行等（2022）比较了风电制氢、光伏制氢、化石能源制氢和工业副产品制氢的生命周期碳排放，研究发现风电制氢的碳排放量最低，是最具有减排效益的制氢技术[33]。王凌云等（2021）以含电气热冷负荷

需求的综合能源系统为研究对象，分析了系统中电储能设备生产环节和运输环节的碳排放量，并从碳交易机制的角度分析了影响碳排放的因素[40]。耿晓倩等（2022）利用生命周期评价模型，对先进压缩空气储能系统的二氧化碳排放进行了研究，分析了系统寿命、运行效率和发电时间对二氧化碳排放的影响[42]。

在生态环境影响方面，学者们重点关注的指标是全球变暖潜值和酸化潜值，这两项指标分别衡量了储能技术温室气体的排放对全球变暖的影响以及酸性污染物的排放对土壤和水体酸度的改变[55]。赵佳康（2020）以可再生能源电解水制氢技术为研究对象，利用全球变暖潜值指标和酸化潜值指标量化了碱性电解水制氢和质子交换膜电解水制氢的环境影响[48]。AlShafi 等（2021）将全球变暖潜值和酸化潜值作为评价指标，对比了压缩空气储能、钒氧化还原液流电池和熔盐储热的生命周期环境影响[46]。

在资源消耗方面，学者们重点关注的指标是化石能源和矿产资源消耗、水资源消耗以及土地资源消耗[45,52,53]。贾志杰等（2022）分析对比了磷酸铁锂电池储能在直接应用场景和梯次应用场景中的化石能源消耗和矿产资源消耗，研究表明梯次应用场景的化石能源和矿产资源消耗总量低于直接应用场景[44]。Shi 等（2020）利用水足迹指标研究了不同电解水制氢技术的资源消耗情况，结果表明水足迹不仅和电解槽类型有关，还和电力来源有关，首先，电网电力制氢的水足迹最大，其次是光伏制氢，风电制氢的水足迹最小[53]。Wang 等（2018）不仅分析了铅酸电池、锂锰电池和磷酸铁锂电池生命周期中化石能源的消耗和水资源的消耗，还分析了电化学储能技术对土地资源的消耗情况，包括农业用地占用、城市用地占用和自然土地改造[52]。

1.2.3.2 可再生能源发电侧储能技术环境效益研究的相关方法

储能技术环境效益研究常用的方法是生命周期评价法[33,47]。生命周期评价法是分析、汇总和评估一种产品、技术或活动全生命周期所消耗的资源以及污染物排放带来的潜在环境影响的方法[56]。翟一杰等（2021）回顾了我国生命周期评价法的发展历程和研究现状，从生命周期清单数据库和生命周期影响评价模型两方面指出我国生命周期评价法未来的发展方向[56]。Gandiglio等（2022）通过生命周期评价法构建了偏远岛屿发电系统的环境影响评估框架，对柴油发电系统和氢燃料电池发电系统的环境影响进行研究[51]。生命周期评价法不仅可以客观识别和量化环境指标，还可以确定系统生命周期中有待改进的阶段[42]。例如，Yudhistira等（2022）采用生命周期评价法对锂电池储能和铅酸电池储能的环境影响进行评价，并对各阶段的环境影响进行分析。结果表明，电池生产制造阶段和使用阶段对环境影响的贡献最大[49]。Zhang等（2022）分别对太阳能光伏发电电解水制氢、太阳能光热发电电解水制氢和太阳能热化学硫碘循环分解水制氢进行了生命周期评价，分析了引起全球变暖、酸化、臭氧消耗和富营养化的关键因素和生产阶段[47]。

由以上分析可以看出，已有文献对储能技术的环境效益进行了广泛的研究，为本书可再生能源发电侧储能技术环境效益的研究提供了参考。本书将在可再生能源发电侧储能技术环境效益测算的基础上，对大气特征物质和生态环境影响产生的原因做进一步的探讨，通过分析不同阶段和材料对发电侧储能技术大气特征物质排放量和生态环境影响的贡献，确定产生大气特征物质和生态环境影响的关键阶段和材料，有助于企业制定相应的碳减排方案。

1.2.4 可再生能源发电侧储能技术投资风险的研究现状

由于市场需求、法律法规和能源价格变化等，储能技术生命周期中面临众多的风险因素，这些风险因素会直接影响储能技术的投资决策和发展前景。因此，有必要对储能技术的投资风险进行分析和量化。风险评价指标是风险量化的重要前提，风险评价方法是风险量化的核心内容，本书从风险评价指标和风险评价方法两方面展开论述。

1.2.4.1 可再生能源发电侧储能技术投资风险的评价指标

目前，关于储能技术风险评价的文献大多涉及经济风险、技术风险、环境风险和政策风险[57-59]。例如，Dong 等（2022）以风氢耦合储能系统为研究对象，对系统的经济风险、技术风险、环境风险和政策风险进行识别，在此基础上，建立了风氢耦合储能系统投资风险评价框架[57]。Wu 等（2021）研究了我国风电-光伏-氢储能项目的经济风险、技术风险和环境风险，为风电-光伏-氢储能项目的风险防范提供了依据[58]。

　　常用的经济风险指标包括融资风险、通货膨胀、盈利能力和运行维护成本等[57,59]，常用的技术风险指标包括技术方案选择、施工技术协调和技术进步[58,59]，常用的环境风险指标包括可再生资源不确定性、生态资源破坏、不可抗力和气候条件[57,59,60]，常用的政策风险指标包括法律法规、行业规划和政府补贴[57,59]。除了上述风险指标，还有学者考虑了市场风险指标和管理风险指标。例如，Yin 等（2022）在光伏储能项目的风险评价体系中加入了市场风险指标，包括电力需求、地区条件和市场准入，从更加综合全面的角度评价了光伏储能项目的风险[59]。Wu 等（2021）考虑了选址不当、电站设计不合理、施工质量、设备腐蚀四种管理风险，对海上海浪-风-光-压缩空气储能项目的风险进行了评价[60]。

　　以上研究都是针对储能技术多个维度的风险而言，此外还有学者重点关注储能技术某一维度的风险，如自然灾害风险和安全运行风险等[61-63]。马萧萧等（2022）以抽水蓄能电站建设期水土流失及其次生灾害风险为研究对象，分析了风险发生的可能性潜势、风险监管与应急措施以及风险承载体的易损性[62]。为了减少储能电站电池火灾和爆炸事故的发生，肖勇等（2022）从壳体破损、电站系统容量、元器件接线不可靠、安全联动系统、消防系统等方面对储能电站的电池安全运行风险进行了评价[61]。张宇等（2021）重点分析了锂电池发生热失控的可能性大小与后果严重度，考虑了电池内部活性物质增加、电解质中有机物含量增加和电压异常等风险因素[64]。

1.2.4.2　可再生能源发电侧储能技术投资风险的评价方法

　　学者们利用不同的方法对储能技术的投资风险进行评价，常用的方法有故障树法、蒙特卡罗法、多准则决策法、系统动力学模型、神经网络模型以及多种组合方法[57,61-63,65]。例如，于璐等（2022）以梯次利用电池为研究对象，采用高熵权-优劣解距离法对电池储能系统的安全风险进行评价[63]。Jahani 等（2023）识别了可再生能源供应链的市场风险、金融风险和政策风险，利用系统动力学模型构建了可再生能源供应链的投资风险评价框架[66]。为了解决风险评价过程中因变量的复杂性和随机性带来的不确定性问题，一些学者采用了模糊评价方法。例如，Karatop 等（2021）通过模糊语言集表征可再生能源投资风险评价信息，利用模糊距离平均解法和失效模式及影响分析方法对可再生能源的投资风险进行评价[67]。Xu 等（2022）将犹豫模糊集、决策试验与评价实验室方法和累积前景理论相结合，提出了综合能源系统风险评价的模糊多标准决策框架[68]。近年来，学者们将云模型引入储能项目的风险评价，对定性概念和其定量表示之间的不确定性进行转换。例如，吴岩等（2022）采用云模型将专家的评价语言转换为数据变量，构建了可重构梯次电池储能安全风险云决策矩阵，结合组合赋权-优劣解距离法，对电池储能的安全风险进行评估[65]。Yin 等（2022）通过改进的云-交互式多准则决策方法对定性概念与定量值之间的不确定性进行过渡转换，提高了光伏储能项目的风险评价水平[59]。

由以上分析可以看出，关于储能技术投资风险的研究已经取得了大量的成果，为本书可再生能源发电侧储能技术投资风险的研究奠定了基础。但是，关于储能技术风险评价指标体系的建立尚未形成统一的标准，大多数文献仅考虑了经济、环境、技术和政策风险指标，对管理风险指标和市场风险指标的研究较少。还有部分文献重点关注了储能技术某一维度的风险，如自然灾害风险和安全运行风险等，缺少系统的投资风险分析和风险管理研究。因此，在现有研究的基础上，本书不仅考虑了可再生能源发电侧储能技术的经济风险、技术风险、环境风险和政策风险，还考虑了管理风险和市场风险，建立了更加综合全面的可再生能源发电侧储能技术投资风险评价指标体系，利用模糊综合评价法对可再生能源发电侧储能技术的投资风险进行评价，为可再生能源发电侧储能技术的风险管理提供了参考。

1.2.5 可再生能源发电侧储能技术路径选择的研究现状

可再生能源发电侧储能技术路径的选择是储能技术投资决策过程中最重要的环节，决定了整个项目的发展水平。本书从可再生能源发电侧储能技术路径选择的影响因素和相关方法两个方面对有关文献进行了梳理。

1.2.5.1 可再生能源发电侧储能技术路径选择的影响因素

可再生能源发电侧储能技术路径的选择受多种因素的影响，这些因素既包括宏观层面的经济因素、环境因素和社会因素等，也包括微观层面的技术因素[69-71]。本书利用中国知网数据库和 Web of Science 核心合集数据库，整理了 2020~2023 年关于储能技术路径选择的相关文献，重点分析了被引用次数最高的 30 篇文献，从不同角度提炼了影响储能技术路径选择的因素，如图1-2 所示。

通过研究发现，储能技术路径的选择主要受运维成本、投资成本、温室气体排放、生态资源破坏、综合效率、能量密度和技术成熟度等因素的影响[69,71,72]。例如，Liu 等（2020）考虑了投资成本、寿命、能量密度、排放和生态环境压力等多种因素，构建了可再生能源储能技术选择的综合评价指标体系，对于新型电力系统中储能技术路径的选择具有重要的参考价值[70]。韩晓娟等（2022）在环境影响因素中加入体积能量密度、体积功率密度，在技术因素中加入响应速度、放电深度和自放电率，建立了电化学储能工况适应性评价指标体系，对电化学储能技术的适应性进行综合评价[71]。近年来，学者们还加入了就业机会、社会接受度、健康和安全等社会因素。例如，伊力奇等（2021）考虑了就业机会和社会接受度两种因素，对海上风电-海浪能与光伏-压缩空气储能系统进行综合评价，为其他地区可再生能源储能项目的投资决策提供了参考[73]。Çolak 等（2020）不仅考虑了储能技术的就业

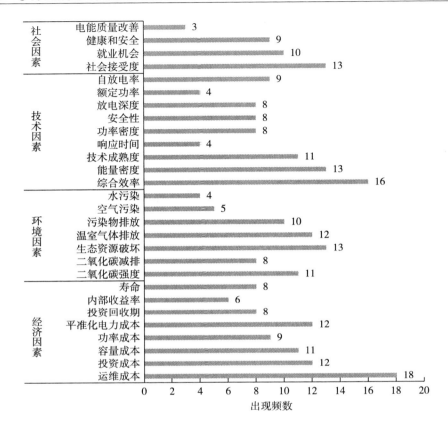

社会因素
- 电能质量改善 3
- 健康和安全 9
- 就业机会 10
- 社会接受度 13

技术因素
- 自放电率 9
- 额定功率 4
- 放电深度 8
- 安全性 8
- 功率密度 8
- 响应时间 4
- 技术成熟度 11
- 能量密度 13
- 综合效率 16

环境因素
- 水污染 4
- 空气污染 5
- 污染物排放 10
- 温室气体排放 12
- 生态资源破坏 13
- 二氧化碳减排 8
- 二氧化碳强度 11

经济因素
- 寿命 8
- 内部收益率 6
- 投资回收期 8
- 平准化电力成本 12
- 功率成本 9
- 容量成本 11
- 投资成本 12
- 运维成本 18

出现频数

图1-2 储能技术路径选择的影响因素

机会和社会接受度，还考虑了政策适应性、政府激励、健康和安全等多种社会因素，从更加全面的角度建立了储能技术方案选择框架[74]。

1.2.5.2 可再生能源发电侧储能技术路径选择的相关方法

储能技术路径选择常采用的方法是多准则决策方法，多准则决策方法的主要思想是根据各项评估标准并结合决策者的偏好对备选方案进行比较和排名，从而帮助决策者做出最佳选择[77,75]。多准则决策方法不仅可以处理多个标准下的技术选择问题，还可以处理利益相关者的不同偏好，帮助决策者制定灵活的投资方案[76,77]。多准则决策方法主要包括层次分析法（Analytical

Hierarchy Process，AHP）、优劣解距离法（Technique for Order Preference by Similarity to Ideal Solutions，TOPSIS）、多准则妥协解排序法（VIse Kriterijums-ka Optimizacija I Kompromisno Resenje，VIKOR）、消去与选择转换评价法（Elimination and Choice Translating Reality，ELECTRE）、最佳-最差法（Best-Worst Method，BWM）、偏好顺序结构评估法（Preference Ranking Organization Method for Enrichment Evaluations，PROMETHEE）和交互式多准则决策法（TOmada de Decisao Interativa Multicriterio，TODIM）等。

多准则决策方法作为投资决策领域的重要工具之一，被广泛应用于电站选址、供应商选择、自然灾害风险评价和可持续项目选择等多个领域[78-81]，特别是与能源规划相关的战略决策和技术选择[69,82-84]。例如，Guo 等（2022）利用基于 S 型效用函数的偏好顺序结构评估法对海上风电-光伏-储氢项目的最佳投资方案进行研究，并且通过案例分析证明了该方法的有效性[82]。Albawab 等（2020）利用多准则决策方法对铅酸电池、超级电容储能和抽水蓄能的可持续性绩效指数进行计算，并对储能技术的可持续性进行评价[69]。但是这些研究没有考虑储能技术路径选择过程中指标值的模糊性和决策环境的不确定性，传统的多准则决策方法也不能对具有模糊性与不确定性的语义变量进行精确转换，而模糊集方法可以很好地解决这一问题。因此，多准则决策方法与模糊集组合的方法已经成为能源技术领域的重要评价方法[78,85]。例如，Liang 等（2022）基于犹豫模糊优劣解距离法建立了一个模糊多准则决策模型，该模型有效解决了储能技术评价过程中的不确定性问题，不仅可以帮助决策者选择最可持续的储能技术，还可以推广到能源领域的其他案例[86]。Zhao 等（2019）将模糊集理论引入电化学储能技术的投资决策，利用模糊累积前景理论和最佳-最差法对电化学储能技术进行评价，在一定程度上降低了指标的模糊性对决策结果的影响[72]。为了克服普通模糊集计算过程复杂、计算量大的缺点，近年来，部分学者对普通模糊集进行拓展，将区间模糊集引入储能技术的路径选择中[87,88]。例如，冯喜春等（2021）提出了一种基于区间二型模糊集的大规模储能技术选择多属性决策方法，将储能备选方案的评估语义变量转换为区间二型模糊集，并通过算例验证了所提方法的正确性和有效性[89]。Wu 等（2020）将区间二型梯形模糊集与偏好顺序结构评估法结合，构建了压缩空气储能项目的投资决策模型，对不同投资者偏好情景下压缩空气储能项目的最优投资决策进行研究[90]。

由以上分析可以看出，现有研究更多关注的是影响储能技术路径选择的经济因素、环境因素、技术因素和社会因素，未能充分考虑资源利用因素，如土地利用强度、化石能源消耗和矿产资源消耗，而这些因素是影响可再生能源发电侧储能技术路径选择的关键。同时，现有研究也没有充分考虑决策指标值的模糊性、决策环境的不确定性以及企业不同发展目标对可再生能源发电侧储能技术路径选择的影响。因此，本书将资源指标纳入可再生能源发电侧储能技术路径选择指标体系，利用区间二型梯形模糊集对不确定性信息进行转换，同时分析了企业单一目标和多目标组合对可再生能源发电侧储能技术路径选择的影响。

1.2.6　研究评述

国内外学者围绕储能技术的经济效益、环境效益、投资风险和技术路径选择开展了广泛的研究，为本书的研究奠定了基础。然而，现有研究仍需要从以下五个方面进行深入拓展。

1.2.6.1　可再生能源发电侧储能技术的理论分析

现有文献主要研究了储能技术对经济系统和环境系统的影响，为本书构建可再生能源发电侧储能技术效益评价与路径选择的理论分析框架奠定了基础。但是现有文献缺乏对可再生能源发电侧储能系统结构和系统功能的分析，没有将可再生能源发电侧储能的技术路径选择与能源结构转型、经济发展、环境治理、技术进步和社会发展等问题结合起来，无法揭示可再生能源发电侧储能系统对能源—经济—环境系统的影响机理。在此基础上，本书将从可再生能源发电侧储能技术入手，分析可再生能源发电侧储能的系统结构和系统功能，揭示可再生能源发电侧储能系统对能源—经济—环境系统的影响机理，建立兼顾能源、经济、环境、技术与社会多维度的可再生能源发电侧储能技术效益评价与路径选择理论分析框架。

1.2.6.2 可再生能源发电侧储能技术的经济效益研究

目前，关于储能技术经济效益的研究主要集中在抽水蓄能、压缩空气储能和电化学储能等传统储能技术上，部分文献研究了可再生能源电解水制氢，但没有在统一的标准下对可再生能源电解水制氢和传统储能技术进行比较，而且缺乏对可再生能源电解水制氢经济效益影响因素的深入剖析。在此基础上，本书将可再生能源电解水制氢纳入研究体系，对可再生能源电解水制氢的经济效益进行研究，在统一的标准下对可再生能源电解水制氢技术与传统储能技术的生命周期成本进行比较，并重点分析了电解槽能源消耗强度、电解槽价格和风电电价等因素对可再生能源电解水制氢经济效益的影响。

1.2.6.3 可再生能源发电侧储能技术的环境效益研究

目前，已有文献对储能技术的环境效益进行了大量研究，相关成果主要聚焦在温室气体排放和环境影响的测算，为本书可再生能源发电侧储能技术环境效益的研究提供了参考。在此基础上，本书建立了可再生能源发电侧储能技术的生命周期评价模型，利用生命周期评价法计算了可再生能源发电侧储能技术各阶段的大气特征物质排放量、生态环境影响和资源消耗量，分析了不同材料和生产阶段对发电侧储能技术大气特征物质排放量和生态环境影响的贡献以及主要材料投入量的变化对环境效益的影响，提出相应的节能减排建议。

1.2.6.4 可再生能源发电侧储能技术的投资风险研究

目前，关于储能技术投资风险的研究已有大量的成果，主要集中在风险的定性分析和风险评价方法的研究上，关于储能技术风险评价指标体系的建立尚未形成统一的标准，对市场风险指标和管理风险指标的研究较少。此外，部分文献仅关注了储能技术某一维度的风险，例如环境影响层面的水土流失及其次生灾害风险、技术层面的安全运行风险，缺少系统的投资风险分析和风险管理研究。在此基础上，本书分析了影响可再生能源发电侧储能技术的经济风险、技术风险、环境风险、管理风险、市场风险和政策风险，将管理风险指标和市场风险指标纳入可再生能源发电侧储能技术的投资风险评价指标体系，建立了更加综合全面的可再生能源发电侧储能技术投资风险评价指标体系，有助于决策者进行系统的投资风险分析和风险管理。

1.2.6.5 可再生能源发电侧储能技术路径选择研究

目前，关于储能技术路径选择的研究主要集中在储能技术的综合评价方面，没有充分考虑决策指标值的模糊性和决策环境的不确定性。本书将区间二型梯形模糊集引入 PROMETHEE-II 方法，利用区间二型梯形模糊集对不确定性信息进行转换，弥补了 PROMETHEE-II 方法无法有效处理模糊性与不确定性较强的语义变量的不足，最终构建了基于区间二型梯形模糊集 PROMETHEE-II 的可再生能源发电侧储能技术路径选择模型，为可再生能源发电企业的投资决策提供了科学依据。

1.3 研究目的与研究意义

1.3.1 研究目的

本书围绕可再生能源发电侧储能技术的效益与路径选择展开研究，主要有以下研究目的：

（1）通过对可再生能源发电侧储能的系统结构和系统功能进行分析，揭示可再生能源发电侧储能对能源—经济—环境系统的影响机理，同时，对可再生能源发电侧储能技术效益评价与路径选择的相关理论进行分析，在上述研究的基础上，构建本书的理论分析框架。

（2）通过对可再生能源发电侧储能技术的经济效益、环境效益和投资风险进行研究，为可再生能源发电侧储能技术路径选择模型的构建以及技术路径的选择提供依据，同时，有助于企业对可再生能源发电侧储能技术进行效益优化和风险管理。

（3）建立可再生能源发电侧储能技术路径选择模型，提出经济、环境、技术、社会和资源综合维度下的可再生能源发电侧储能最佳技术路径方案，分析企业单一目标和多目标组合对可再生能源发电侧储能技术路径选择的影响，为可再生能源发电侧储能技术的投资决策提供参考。

1.3.2　研究意义

本书在拓展原有能源—经济—环境系统、引导可再生能源发电企业做出科学决策、促进发电侧储能技术的规模化应用、推动电力系统清洁低碳化发展等方面具有重要的理论意义和现实意义。

（1）理论意义。本书通过对可再生能源发电侧储能的系统结构和系统功能进行研究，分析了可再生能源电力与发电侧储能的内在关联，揭示了可再生能源发电侧储能对能源—经济—环境系统的影响机理，综合区域经济学、能源经济学以及环境经济学的有关理论构建了兼顾能源、经济、环境、技术与社会多维度的可再生能源发电侧储能技术效益评价与路径选择理论分析框架，丰富了现有的能源经济相关理论，为我国可再生能源发电侧储能技术的投资决策提供了理论支持。

（2）现实意义。可再生能源发电侧储能技术不仅可以解决可再生能源电力的消纳问题，还可以推动电力系统的低碳化发展，对于能源低碳转型和"碳达峰、碳中和"目标的实现具有重要作用。本书通过对可再生能源发电侧储能技术的经济效益和环境效益进行评价，为发电侧储能技术的效益优化奠定了基础；同时，通过对发电侧储能技术的投资风险进行研究，为发电侧储能技术的风险识别与评价提供了依据，有利于帮助决策者降低投资风险，提高风险管理水平；另外，提出了兼顾经济、环境、社会、技术和资源利用的可再生能源发电侧储能技术路径方案，为投资者提供了科学的决策参考，为发电侧储能技术的规模化应用提供支持。

1.4　研究内容与研究方法

1.4.1　研究内容

本书主要针对可再生能源发电侧储能技术的效益评价与路径选择展开研究。首先，明确了可再生能源发电侧储能的系统结构和系统功能，揭示了可再生能源发电侧储能对能源—经济—环境系统的影响机理，建立了兼顾能源、经济、环境、技术与社会多维度的可再生能源发电侧储能技术效益评价与路径选择理论分析框架。其次，从全生命周期角度出发，对可再生能源发电侧储能技术的经济效益和环境效益进行深入研究。再次，构建了可再生能源发电侧储能技术投资风险评价模型，对发电侧储能技术的投资风险进行评价。最后，构建了可再生能源发电侧储能技术路径选择模型，提出了企业单一目标和多目标组合下的发电侧储能技术路径方案。本书的研究内容主要分为以下五个部分：

（1）可再生能源发电侧储能技术效益评价与路径选择的理论分析。本书首先分析了可再生能源发电侧储能系统的构成及运行机制，明晰了常见的发电侧储能技术路线，界定了本书的研究范围。其次，将可再生能源发电侧储能系统置于能源—经济—环境系统中，通过对可再生能源发电侧储能的系统功能进行分析，揭示可再生能源发电侧储能对能源—经济—环境系统的影响机理。最后，结合全生命周期理论、外部性理论、替代理论、风险管理理论、多准则决策理论和模糊集理论对可再生能源发电侧储能的相关理论进行了分析。在此基础上，构建了可再生能源发电侧储能技术效益评价与路径选择的理论分析框架。

（2）可再生能源发电侧储能技术的经济效益研究。本书首先构建了可再生能源发电侧储能技术的成本收益模型，对抽水蓄能、压缩空气储能、磷酸铁锂电池储能和风电电解水制氢的经济效益进行研究。其次，对不同发电侧储能技术的平准化成本进行比较，并以风电电解水制氢技术为例，通过净现值、内部收益率和动态投资回收期三项指标对其盈利能力进行分析。最后，研究了技术进步、风电电价、弃电利用率、转换器效率和运维成本对平准化制氢成本的影响，以及风电电价、氢气价格和电解槽能源消耗强度对净现值和内部收益率的影响。

（3）可再生能源发电侧储能技术的环境效益研究。本书构建了可再生能源发电侧储能技术的生命周期评价模型，利用生命周期评价法对可再生能源发电侧储能技术的环境效益进行研究。在大气特征物质排放方面，计算和对比了每种发电侧储能技术的 CO_2、CO、NO_X、SO_2 和 PM 排放，并以 CO_2 为例分析了不同材料对 CO_2 排放的贡献；在生态环境影响方面，对每种发电侧储能技术生命周期各阶段的生态环境影响进行特征化分析和标准化处理，对比了每种发电侧储能技术的大气环境影响、水生环境影响和人体健康影响；在资源消耗方面，对比了每种发电侧储能技术的矿产资源消耗潜值和化石能源消耗潜值。在此基础上，研究了主要材料投入量的变化对可再生能源发电侧储能技术环境效益的影响。

（4）可再生能源发电侧储能技术的投资风险研究。本书根据可再生能源发电侧储能建设前期、建设阶段和运行维护阶段的特点，对各阶段的经济风险、技术风险、环境风险、管理风险、市场风险和政策风险进行分析识别，建立了可再生能源发电侧储能技术投资风险评价指标体系，结合模糊综合评价法构建了可再生能源发电侧储能技术投资风险评价模型。在此基础上，对抽水蓄能、压缩空气储能、磷酸铁锂电池储能和风电电解水制氢的投资风险进行评价，并对投资风险等级进行划分。

（5）可再生能源发电侧储能技术路径选择研究。本书从经济、环境、技术、社会和资源五个维度建立了可再生能源发电侧储能技术路径选择指标体系，利用区间二型梯形模糊集、综合赋权法和 PROMETHEE-II 方法构建了考虑模糊性与不确定性的可再生能源发电侧储能技术路径选择模型。在此基础上，对发电侧储能技术进行综合评价并确定最佳的技术路径方案，分析了企业单一目标和多目标组合对可再生能源发电侧储能技术路径选择的影响，并提出了可再生能源发电侧储能技术的投资对策。

1.4.2　研究方法

本书对可再生能源发电侧储能技术的效益与路径选择进行研究，采用"理论分析—模型构建—对策研究"的模式，研究过程中综合运用了文献研究法、系统分析法、生命周期成本分析法、生命周期评价法、模糊综合评价法、区间二型梯形模糊集转换法以及 PROMETHEE-II 等多种方法。

1.4.2.1　可再生能源发电侧储能技术效益评价与路径选择理论分析的研究方法

（1）文献研究法。本书通过期刊、书籍等多种方式对可再生能源发电领域和储能领域的文献资料进行收集，采用 Citespace 软件对相关文献进行分析、归纳和总结。在此基础上，梳理了储能技术发展的脉络以及相关领域的国内外研究现状，并对现有研究成果进行分析对比。通过文献分析进一步明确了可再生能源发电侧储能的相关概念，厘清了可再生能源发电侧储能的相关理论和相关方法，为本书的研究奠定了基础。

（2）系统分析法。在已有文献研究的基础上，本书利用系统分析法将可再生能源发电侧储能系统置于能源—经济—环境系统中，通过分析可再生能源发电侧储能系统与能源—经济—环境系统之间物质和能量的输入与输出，明确了可再生能源发电侧储能的系统功能，揭示了可再生能源发电侧储能系统对能源—经济—环境系统的影响机理，为可再生能源发电侧储能技术的经济效益研究和环境效益研究提供依据。

1.4.2.2　可再生能源发电侧储能技术经济效益的研究方法

（1）生命周期成本分析法。本书利用生命周期成本分析法对可再生能源发电侧储能技术生命周期各阶段的成本进行分析，对投资成本、运维成本、更换成本、充电成本和回收成本进行计算，在此基础上，对每种发电侧储能技术生命周期内的成本和产出进行平准化贴现，并在统一的标准下对不同发电侧储能技术的平准化成本进行对比。

（2）盈利能力分析法。本书以风电电解水制氢技术为例，利用净现值、内部收益率和动态投资回收期三项指标对其盈利能力进行分析，并且研究了风电电价、氢气价格和电解槽能源消耗强度对风电电解水制氢技术净现值和内部收益率的影响。

1.4.2.3　可再生能源发电侧储能技术环境效益的研究方法

（1）实地调查法。本书通过现场勘察和访谈等方式对不同类型的可再生能源发电侧储能项目进行实地调查，了解可再生能源发电侧储能的技术路线和运行原理，收集相关的技术参数、经济参数和资源能源消耗数据，为可再生能源发电侧储能技术环境效益的研究提供数据资料。

（2）生命周期评价法。本书将可再生能源发电侧储能技术的全生命周期划分为生产阶段、建设阶段、运行阶段和退役阶段，结合每个阶段的资源消耗数据和能源消耗数据，利用生命周期评价法对发电侧储能技术生命周期中的大气特征物质排放量、生态环境影响以及资源消耗量进行研究。

1.4.2.4　可再生能源发电侧储能技术投资风险的研究方法

（1）专家访谈法。本书对可再生能源发电侧储能建设前期、建设阶段和运行维护阶段的经济风险、技术风险、环境风险、管理风险、市场风险和政策风险进行分析识别，邀请对可再生能源发电及储能技术有深入了解、具有相关工作经验的专家对各项风险指标发生的概率和发生后的危害程度进行打分，为可再生能源发电侧储能技术投资风险的研究提供参考。

（2）模糊综合评价法。本书采用模糊综合评价法对可再生能源发电侧储能技术的投资风险进行评价，首先，确定可再生能源发电侧储能技术投资风险的因素集和评价集。其次，建立可再生能源发电侧储能技术投资风险模糊评价矩阵。再次，确定因素权向量和模糊评价向量。最后，进行模糊综合评价运算，确定可再生能源发电侧储能技术的投资风险水平，并对投资风险等级进行划分。

1.4.2.5　可再生能源发电侧储能技术路径选择的研究方法

（1）区间二型梯形模糊集转换法。本书采用区间二型梯形模糊集对可再生能源发电侧储能技术的指标值进行转换，利用区间的形式描述隶属度，将包含语义变量的决策矩阵转换为区间二型梯形模糊决策矩阵，进行去模糊化处理后，得到最终的可再生能源发电侧储能技术路径选择标准化决策矩阵。

（2）PROMETHEE－II 方法。本书利用基于区间二型梯形模糊集的PROMETHEE-II 方法构建了可再生能源发电侧储能技术路径选择模型，利用PROMETHEE-II 方法中的偏好函数对储能技术的偏好优先性进行比较，确定每种发电侧储能技术的正流量、负流量和净流量，根据净流量的大小对发电侧储能技术方案排序并确定最佳的技术路径方案。

此外，本书还运用了比较分析法、定性与定量相结合的方法等其他方法。

1.4.3　技术路线

本书遵循"提出问题—分析问题—解决问题"的研究思路，采用的技术路线如图 1-3 所示。

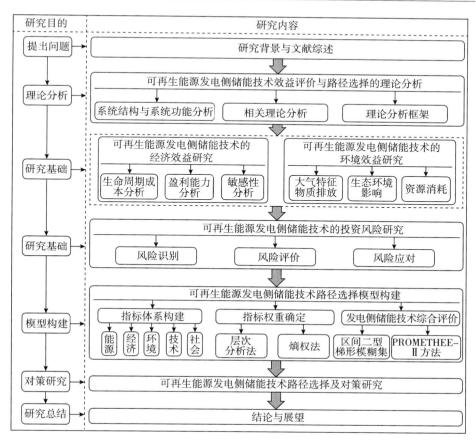

图 1-3 本书的技术路线

1.5 创新点

本书对可再生能源发电侧储能技术的效益与路径选择进行了研究。首先，构建了兼顾能源、经济、环境、技术与社会多维度的可再生能源发电侧储能技术效益评价与路径选择理论分析框架。其次，在此基础上，对可再生能源发电侧储能技术的经济效益、环境效益和投资风险进行研究，构建了可再生能源发电侧储能技术路径选择模型，对发电侧储能技术进行综合评价并确定最佳的技术路径方案。最后，分析了企业单一目标和多目标组合对可再生能源发电侧储能技术路径选择的影响，为可再生能源发电企业的投资决策提供了有价值的参考。本书的创新性体现在以下四个方面：

（1）构建了兼顾能源、经济、环境、技术与社会多维度的可再生能源发电侧储能技术效益评价与路径选择理论分析框架。已有研究更多关注的是储能技术对经济系统和环境系统的影响，没有将可再生能源发电侧储能的技术路径选择与能源结构转型、经济发展、环境治理、技术进步和社会发展等问题结合起来，也没有揭示可再生能源发电侧储能系统对能源—经济—环境系统的影响机理。本书将从可再生能源发电侧储能技术入手，通过分析可再生能源发电侧储能的系统结构和系统功能，揭示可再生能源发电侧储能系统对能源—经济—环境系统的影响机理，建立兼顾能源、经济、环境、技术与社会多维度的可再生能源发电侧储能技术效益评价与路径选择理论分析框架，拓展了原有的能源—经济—环境系统。

（2）构建了考虑模糊性与不确定性的可再生能源发电侧储能技术路径选择模型。PROMETHEE-II方法是一种基于流量来判断各方案优先程度的多准则决策方法，能够克服指标的相互替代性，而且可以通过偏好函数的设置更好地反映决策者的意愿，但是PROMETHEE-II方法无法有效处理模糊性与不确定性较强的语义变量。本书将区间二型梯形模糊集引入PROMETHEE-II方法，利用区间二型梯形模糊集对不确定性信息进行转换，很好地解决了可再生能源发电侧储能技术路径选择中模糊性与不确定性语言难以转换的问题。在此基础上，本书构建了基于区间二型梯形模糊集的PROMETHEE-II可再生能源发电侧储能技术路径选择模型，为可再生能源发电企业的投资决策提供了更科学的参考。

（3）建立了可再生能源电解水制氢和传统储能技术经济效益和环境效益对比的统一标准。现有文献更多关注抽水蓄能、压缩空气储能和电化学储能等传统储能技术，部分文献研究了可再生能源电解水制氢，但是没有在统一的标准下对可再生能源电解水制氢和传统储能技术的经济环境效益进行比较。本书将可再生能源电解水制氢纳入研究体系，重点研究了可再生能源电解水制氢的经济效益和环境效益，并按照统一的标准比较了可再生能源电解水制氢和传统储能技术的经济环境效益，为可再生能源发电侧储能技术的效益优化和技术路径选择提供了依据。

（4）构建了经济、技术、环境、管理、市场和政策多维度相融合的可再生能源发电侧储能技术投资风险评价指标体系。目前关于储能技术风险评价指标体系的建立尚未形成统一的标准，对管理风险指标和市场风险指标的研究较少，部分文献仅关注了储能技术某一维度的风险，缺少系统的投资风险分析和风险管理研究。本书对可再生能源发电侧储能建设前期、建设阶段和运行维护阶段的经济风险、技术风险、环境风险、管理风险、市场风险和政策风险进行分析识别，将管理风险指标和市场风险指标纳入可再生能源发电侧储能技术的投资风险评价指标体系，最终构建了经济、技术、环境、管理、市场和政策多维度相融合的可再生能源发电侧储能技术投资风险评价指标体系，为决策者进行系统的投资风险分析和风险管理奠定了基础。

第2章 可再生能源发电侧储能技术效益评价与路径选择的理论分析

为了更好地明确本书的研究范围，建立本书的理论分析框架，本章首先对可再生能源发电侧储能的系统结构进行了研究，明晰了常见的发电侧储能技术路线，并且分析了可再生能源发电侧储能的系统功能，建立了能源流、物质流和价值流相融合的分析框架。其次，对可再生能源发电侧储能的相关理论进行深入分析，揭示了相关理论与本书研究的关联性。在此基础上，构建了兼顾能源、经济、环境、技术与社会多维度的可再生能源发电侧储能技术效益评价与路径选择理论分析框架。

2.1 可再生能源发电侧储能系统结构与功能分析

2.1.1 可再生能源发电侧储能系统结构分析

可再生能源发电侧储能系统由可再生能源发电系统、储能系统、信息采集与控制系统、能量管理系统组成（见图2-1）。可再生能源发电系统负责整个系统的电力输入；储能系统负责存储可再生能源发电站多余的电力，并在用电高峰时期进行释放；信息采集与控制系统负责信息的采集、通信、控制和诊断；能量管理系统负责发电调度、储能系统充放电计划和维持系统稳定。

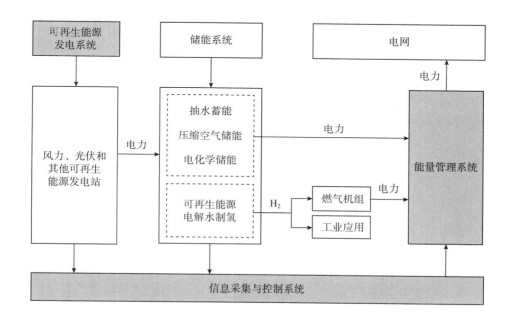

图 2-1　可再生能源发电侧储能系统示意图

　　常见的可再生能源发电侧储能技术包括抽水蓄能、压缩空气储能、电化学储能和可再生能源电解水制氢等。本书对上述四种发电侧储能技术的优缺点、应用领域和工作原理等进行了介绍。

2.1.1.1　抽水蓄能

　　抽水蓄能是利用电能和水的势能相互转化，实现电能存储与释放的技术。抽水蓄能具有储能容量大、成本低、效率高、寿命长、响应速度快和技术成熟等优势，但抽水蓄能存在能量密度低、总投资成本高、投资回收期长、受地理条件的限制等缺点[91]。抽水蓄能技术适用于削峰填谷、调频调相、能量管理、黑启动、备用电源以及针对特高压电网的无功调节等领域，是目前商业化应用最为成熟、规模最大的储能技术[69]。

抽水蓄能系统一般由上水库、下水库和可逆式水泵水轮机构成。在电网负荷低谷期间，抽水蓄能系统利用过剩电力将水从下水库抽到上水库，进行"充电"；电网高负荷期间，上水库的水回流到下水库推动水轮机发电机发电，进行"放电"[92]。抽水蓄能系统的实质是利用上水库和下水库的落差进行水能发电（见图 2-2）。

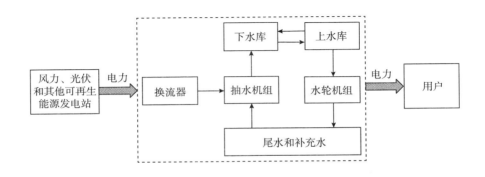

图 2-2　抽水蓄能示意图

2.1.1.2　压缩空气储能

压缩空气储能是利用电能和空气内能进行电能存储的技术，优点是储能周期长、安全可靠、响应速度快、寿命长、运行维护费用低，缺点是成本高、系统复杂、对地理条件要求高[93]。压缩空气储能技术主要用于电力系统调峰调频和备用电源等领域[42]。

压缩空气储能系统主要由压缩机、储气装置、膨胀机和发电机构成。在电网负荷低谷期间，压缩空气储能系统利用电能带动压缩机，将电能转化为空气压力能，空气被压缩储存在洞穴、储气罐、储气井或废弃矿井中；电网高负荷期间，通过释放压缩空气，带动发电机发电，储存的空气压力能再次转化为机械能或者电能[94]（见图 2-3）。

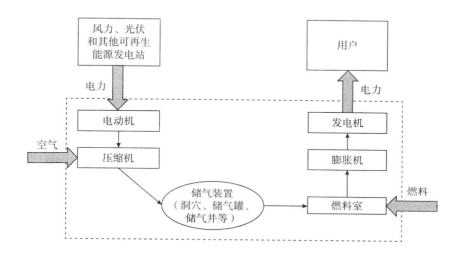

图 2-3　压缩空气储能示意图

2.1.1.3　电化学储能

电化学储能是通过可逆的化学反应，进行电能存储和释放的技术。电化学储能具有效率高、建设周期短、能量密度大等优点。根据工作状态和化学物质的不同可以分为三类：一是常温二次电池储能系统，如铅酸电池、锂离子电池等；二是高温电池储能系统，如钠硫电池、氯化钠镍电池等；三是液流电池，如全钒液流电池和锌溴液流电池等[95]。目前，已商业化应用的电化学储能技术主要是锂离子电池和铅酸电池，其中锂离子电池的发展最为迅速[12,96]。锂离子电池在储能的应用上，以磷酸铁锂电池为主流，磷酸铁锂电池具有寿命长、安全性高和充电快的优势[96]。电化学储能技术适用于削峰填谷、可再生能源并网和电源调频调压辅助服务等领域[12]。

电化学储能系统主要由储能电池组、电池管理系统（Battery Management System，BMS）、储能变流器（Power Conversion System，PCS）、能量管理系

统（Energy Management System，EMS）以及其他电气设备构成[12]。储能电池组是电化学储能系统的核心部分，负责存储和释放电力；电池管理系统主要负责电池的日常监测、能效分析、系统评估和故障预警等，从而保障整个电化学储能系统的安全运行；储能变流器是储能系统和电网连接的枢纽，电网高负荷期间将电池输出的直流电转换为交流电输入电网，电网负荷低谷期间将电网的交流电转换为直流电储存到系统中[12]；能量管理系统负责整个系统中的数据采集、能量调度和决策管理等（见图 2-4）。

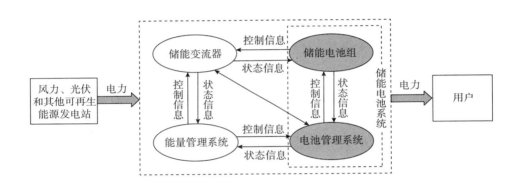

图 2-4　电化学储能示意图

2.1.1.4　可再生能源电解水制氢

可再生能源电解水制氢是通过可再生能源电力与水之间的电化学反应生产氢的技术，具有生产灵活、纯度高以及副产高价值氧气等优点，是未来制氢产业的主要发展方向之一[97,98]。目前主要有四种电解水制氢技术，分别为碱性电解水（Alkaline Water Electrolysis，AWE）制氢、质子交换膜（Proton Exchange Membrane，PEM）电解水制氢、固体氧化物电解水（Solid Oxide Electrolysis Cell，SOEC）制氢和阴离子交换膜（Anion Exchange Membrane，AEM）电解水制氢[99,100]。碱性电解水制氢成本低、成熟度高、已经实现了工业化应用；质子交换膜电解水制氢污染低、响应速度快、与可再生能源适应性好，但部分材料价格昂贵且依赖于进口；固体氧化物电解水制氢能量转换效率高，但高温条件下关键材料和催化剂技术需要进一步攻关，目前仍处于实验室阶段；阴离子交换膜电解水制氢结合了碱性电解水制氢和质子交换膜电解水制氢的优点，但目前仍处于研发阶段[31,99]。

以碱性电解水制氢为例，在直流电的作用下，水分子在阴极一侧得到电子发生还原反应，生成氢气和氢氧根离子，氢氧根离子在阳极一侧失去电子发生氧化反应，生成氧气和水[101]。

阳极：$4OH^- - 4e^- \rightarrow 2H_2O + O_2$ 式（2-1）

阴极：$4H_2O + 4e^- \rightarrow 2H_2 + 4OH^-$ 式（2-2）

可再生能源电解水制氢系统包含三个子系统：可再生能源发电子系统、电能分配子系统和电解水子系统[102,103]。可再生能源发电子系统包括风力、光伏和其他可再生能源发电站；电能分配子系统主要包括功率分配控制器和AC-DC变流器，AC-DC变流器属于功率调节单元，用于匹配电压及电流的特性；电解水子系统主要包括电解槽、气体冷却器和气液分离器等，电解槽由电极、电解质与隔膜组成（见图2-5）。

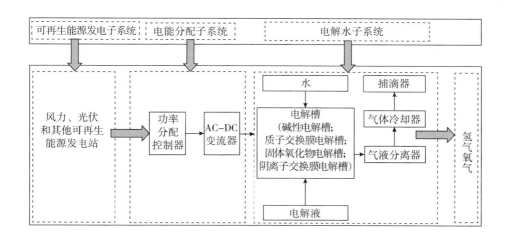

图2-5 可再生能源电解水制氢示意图

2.1.2　可再生能源发电侧储能系统功能分析

可再生能源发电侧储能系统与能源—经济—环境系统之间存在物质与能量的输入与输出，明确可再生能源发电侧储能系统对能源—经济—环境系统的影响机理，是研究可再生能源发电侧储能技术效益与路径选择的必要前提。

系统论提出任何系统都是由多个要素组成的有机整体，这些要素之间既各自独立又相互关联与制约，各种要素按照一定的方式进行物质和能量的交换，并在特定的结构中发挥各自的功能[104,105]。从整体出发研究大系统和子系统、系统和要素、要素和要素之间的相互关系，才能从本质上分析系统的结构和功能[104,106]。基于系统论的视角来看，可再生能源发电侧储能系统与能源—经济—环境系统之间通过各种媒介产生关联，物质和能量通过各种媒介在不同系统之间进行流动。因此，本书以系统论为基础，将可再生能源发电侧储能系统作为一个大系统，能源系统和储能系统分别作为子系统，在统筹考虑可再生能源发电侧储能系统内部各子系统相互联系、相互作用的基础上，揭示可再生能源发电侧储能系统对能源—经济—环境系统的影响机理。

可再生能源发电侧储能系统中"能源子系统"主要由风能和太阳能等要素组成，是可再生能源发电侧储能的基础，具有提供电力的功能；"储能子系统"由抽水蓄能、压缩空气储能和电化学储能等多种储能技术组成，是可再生能源发电侧储能的核心，在整个系统中发挥着存储和释放电力的重要作用。"能源子系统"和"储能子系统"存在物质与能量的输入与输出过程，电网负荷低谷期间可再生能源发电侧储能系统通过"能源子系统"给"储能子系统"充电，电网高负荷期间"储能子系统"向"能源子系统"放电，实现了物质流和能源流的相互转换，共同促进可再生能源发电侧储能系统的发展（见图2-6）。

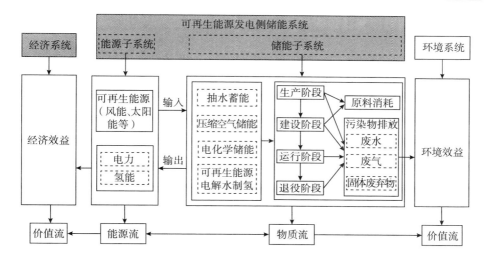

图 2-6 可再生能源发电侧储能系统功能

可再生能源发电侧储能系统对经济系统的作用体现在能源流向价值流的转化，具体表现为可再生能源发电侧储能系统可以为社会提供清洁电力和氢能，保障能源供应安全，并且通过"削峰填谷"、参与电网辅助服务、参与碳交易市场等产生收益，进一步提高可再生能源投资的经济效益。可再生能源发电侧储能系统对环境系统的作用体现在物质流向价值流的转化，具体表现为可再生能源发电侧储能系统发电量的增加导致电力系统中传统火力发电机组的发电量相对减少，二氧化碳排放相对下降，产生"碳减排"效益。但是由于可再生能源发电侧储能系统生命周期中消耗了各种能源和材料，产生废水、废气和固体废弃物等，也会对生态环境产生一定的影响。可再生能源发电侧储能对能源系统的作用体现在物质流向能源流的转化，具体表现为可再生能源发电侧储能可以解决可再生能源电力的消纳问题，促进可再生能源的发展，推动能源系统向清洁、低碳方向转型，还可以灵活调控风电、光伏等的出力，改善电能质量，提高电力系统的灵活性、稳定性和安全性[107]。

2.2 可再生能源发电侧储能技术效益评价与路径选择的相关理论

2.2.1 可再生能源发电侧储能技术经济效益的理论分析

可再生能源发电侧储能技术经济效益的分析包括成本分析和收益分析两个方面[27]。可再生能源发电侧储能技术的生命周期成本主要包括投资成本、运维成本、充电成本、更换成本和回收成本[18,22]，生命周期各个阶段的成本变化如图2-7所示。

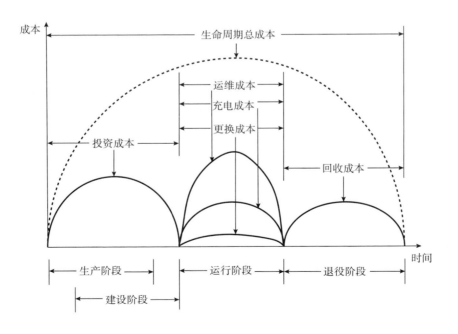

图 2-7　可再生能源发电侧储能的生命周期成本分析

基于全生命周期成本理论，本书对可再生能源发电侧储能技术生产阶段、建设阶段、运行阶段和退役阶段的各项成本进行了计算，对不同发电侧储能技术的生命周期成本进行分析和比较，为可再生能源发电侧储能技术经济效益的研究提供数据基础。

　　可再生能源发电侧储能的收益来源于储能系统多接纳的"弃风、弃光"电量收益、参与电力辅助服务市场收益、售氢收益和储能初装补贴等，未来可能保证直购电交易等潜在收益[108]。例如，可再生能源发电侧储能通过负荷低谷时充电，负荷高峰时放电，利用峰谷电价差获取相应收益[27]，还可以通过在电力系统中提供调频调压等服务获取辅助服务收益。

　　可再生能源发电侧储能在解决"弃风、弃光"的同时，增加了电力系统中可再生能源电力的比例，导致传统火力发电机组的发电量相对减少，电力系统中二氧化碳、二氧化硫、氮氧化物和悬浮颗粒物的排放量减少，间接改善了生态环境，对环境产生了正外部性[27,36]。因此，根据外部性理论，可再生能源发电侧储能的收益也包括环境收益。另外，可再生能源发电侧储能减少了电力系统对一次能源煤的消耗。因此，从能源系统来看，可再生能源发电侧储能的收益还包括节煤收益[27]。环境收益和节煤收益实质上体现了可再生能源发电侧储能系统发电对化石能源系统发电的替代效应，本书采用替代理论中的边际替代率（Marginal Rate of Substitution，MRS）对这种替代效应进行分析，如图 2-8 所示。

　　假设 X 表示可再生能源发电侧储能系统的发电量，Y 表示化石能源系统的发电量，总效用函数 U 表示为：

$$U = f(x, y) \qquad\qquad 式（2-3）$$

　　可再生能源发电侧储能系统与化石能源系统的边际替代率为等效用线斜率的负数，计算方式如下：

$$MRS = -\frac{\Delta Y}{\Delta X} = f'(x, y) \qquad\qquad 式（2-4）$$

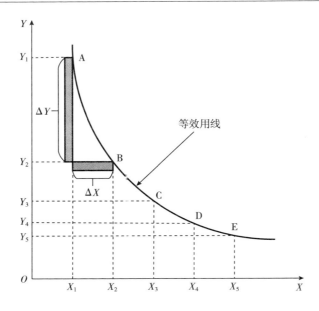

图 2-8　可再生能源发电侧储能与化石能源边际替代率递减规律

式（2-4）中：ΔX 表示可再生能源发电侧储能系统发电量的变化量，ΔY 表示化石能源系统发电量的变化量。

在可再生能源发电侧储能系统发电与化石能源系统发电的替代过程中，存在边际替代率递减规律，即在维持效用水平不变的前提下，随着可再生能源发电侧储能系统发电量的连续增加，化石能源系统的发电量是递减的。图2-8中，由于等效用线凸向原点，表明随着可再生能源发电侧储能系统发电量的增加和化石能源系统发电量的减少，可再生能源发电侧储能对化石能源的可替代性逐渐减小，即消费者从 A 点经 B、C、D 点运动到 E 点的过程中，每增加一单位可再生能源发电侧储能发电量所放弃的化石能源发电量是递减的。

本书以全生命周期成本理论为核心，结合外部性理论和替代理论，构建了可再生能源发电侧储能技术的成本收益模型，通过净现值、内部收益率和动态投资回收期三项指标对发电侧储能技术的经济效益进行评价。全生命周期成本理论、外部性理论和替代理论与本书的关联性如图 2-9 所示。

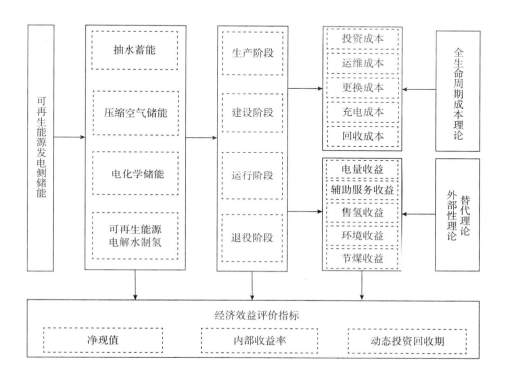

图 2-9　全生命周期成本理论、外部性理论和替代理论与本书的关联性

2.2.2　可再生能源发电侧储能技术环境效益的理论分析

可再生能源发电侧储能在生产阶段、建设阶段和运行阶段需要消耗各种化石能源、矿产资源等，排放二氧化碳等温室气体以及二氧化硫、氮氧化物等大气污染物，这些物质会给生态环境带来不利的影响，造成环境负外部性问题[109,110]。

图 2-10 中，MR 表示可再生能源发电侧储能的边际收益曲线，MPC 表示

可再生能源发电侧储能的私人边际成本曲线，MSC 表示社会边际成本曲线。当企业按照利润最大化的原则确定均衡发电量时，$MR = MPC$，Q_2 即企业的均衡发电量。根据外部性理论，在实际生产过程中，如果可再生能源发电企业没有承担环境污染的成本，那么可再生能源发电侧储能的边际成本曲线要低于社会边际成本曲线，用 XC 表示边际外部成本，则 $MSC = MPC + XC$。可再生能源发电企业按照私人成本进行决策，导致私人成本和社会成本之间的不一致，这时就会出现环境负外部性问题。

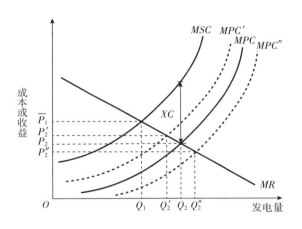

图 2-10　环境污染的负外部性

如果可再生能源发电企业对生产做出调整，私人边际成本曲线 MPC 移动到 MPC' 的位置时，均衡发电量由 Q_2 减少到 Q_2'，均衡价格由 P_2 增加到 P_2'。在这种情况下，由于发电量的减少，污染物排放量也会相应减少。私人边际成本曲线 MPC 移动到 MPC'' 的位置时，可再生能源发电企业实际均衡价格由 P_2 下降到 P_2''，为了保证企业的正常收益，企业会增加发电量，均衡发电量由 Q_2 增加到 Q_2''，反而导致环境负外部性问题的加剧。

为了降低可再生能源发电侧储能的环境负外部性，有必要对其全生命周期的排放物进行量化分析。基于全生命周期评价理论，本书对可再生能源发电侧储能技术全生命周期的投入产出数据进行收集和计算，建立了相应的材料消耗清单，对二氧化碳、二氧化硫和氮氧化物等常见大气特征物质进行研究，为发电侧储能技术的清洁低碳化发展提供数据支撑。

本书以全生命周期评价理论为核心，结合外部性理论，对可再生能源发电侧储能技术的环境效益进行研究，对不同发电侧储能技术的大气特征物质排放量、生态环境影响和资源消耗量进行比较。全生命周期评价理论和外部性理论与本书的关联性如图 2-11 所示。

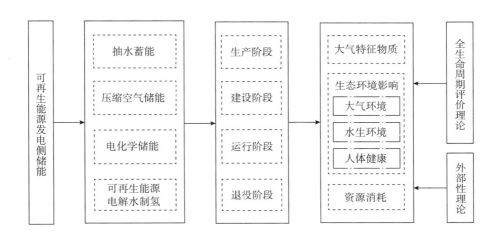

图 2-11 全生命周期评价理论和外部性理论与本书的关联性

2.2.3 可再生能源发电侧储能技术投资风险的理论分析

可再生能源发电侧储能受能源—经济—环境系统中多种风险因素的影响[58,111-113]。本书对影响可再生能源发电侧储能技术的经济风险、技术风险、环境风险、管理风险、市场风险和政策风险进行分析识别，如图 2-12 所示。

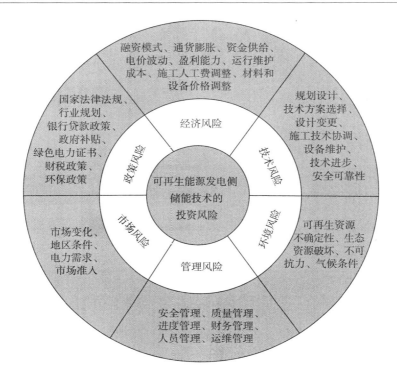

图 2-12　可再生能源发电侧储能的投资风险

经济风险是指可能对可再生能源发电侧储能技术经济效益产生影响的因素，可再生能源发电侧储能面临的经济风险主要有融资模式、通货膨胀、资金供给、电价波动、盈利能力和运行维护成本[59,60]。在已有研究的基础上，本书加入了材料价格调整风险、施工人工费调整风险和设备价格调整风险。

技术风险是指由于发电技术或储能技术发生的变化对可再生能源发电侧储能产生影响。技术风险主要包括规划设计、技术方案选择、设计变更、施工技术协调、设备维护和安全可靠性等[58,114]。在已有研究的基础上，本书加入了技术进步风险，因为目前储能技术更新迭代较快，技术进步增加了发电侧储能的投资风险。

环境风险是指由于自然环境的变化导致可再生能源发电侧储能的建设难

度增加或者投资收益降低。可再生能源发电侧储能面临的环境风险主要有生态资源破坏、不可抗力、气候条件[58,59]。在已有研究的基础上，本书加入了可再生资源不确定性风险，因为风能和太阳能资源存在随机性、间歇性和波动性，这会影响可再生能源发电侧储能的运行时间，进而影响其投资效益。

管理风险是指由于安全、进度、财务、人员等方面管理不当而对可再生能源发电侧储能产生影响。管理风险包括安全管理风险、质量管理风险、进度管理风险、财务管理风险、人员管理风险和运维管理风险[114]。

市场风险是指由于市场发生变化导致可再生能源发电侧储能技术投资受损。可再生能源发电侧储能面临的市场风险主要有可再生能源市场变化、地区条件和电力需求[59]。在已有研究的基础上，本书加入了市场准入风险，因为电力市场存在环境复杂、准入规则不明确以及信息不对称等问题，可再生能源发电侧储能进入电力市场存在一定的障碍，这会影响可再生能源发电侧储能技术的投资决策。

政策风险是指由于国家法律法规和行业规划发生变化对可再生能源发电侧储能技术的投资产生影响。可再生能源发电侧储能面临的政策风险主要有国家法律法规、行业规划、银行贷款政策、政府补贴、财税政策和环保政策[59,60]。由于目前可再生能源绿色电力证书制度正在不断完善，基于绿色电力证书的可再生能源电力消纳保障机制也在同步完善。因此，本书在政策风险指标中加入了绿色电力证书风险。

从以上分析可以看出，可再生能源发电侧储能技术的投资决策受经济、技术、环境、管理、市场和政策多种风险因素的影响，这些因素往往存在一定的模糊性，而且决策者在风险评价中还存在一定的随机性[115]。模糊集理论可以有效处理风险评价过程中的界限不明确、难以量化的问题，模糊综合评价法基于模糊集理论，将模糊变量用数理逻辑进行定义和表达[58,116]。因此，本书利用模糊综合评价法对可再生能源发电侧储能技术的投资风险进行评价，有效解决了风险评价过程中的模糊性和随机性。

风险管理是指分析识别项目潜在的风险因素，通过一定的方法对这些风险因素进行评价，根据评价结果制定相应的风险应对措施，尽量降低风险事件发生的概率和风险事件发生带来的危害性。风险管理理论包括风险识别、风险评估、风险应对和风险监控四项基本内容，如图 2-13 所示。

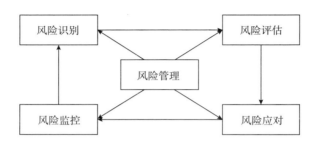

图 2-13　风险管理理论的基本内容

　　本书以风险管理理论为基础，结合模糊集理论，对影响可再生能源发电侧储能的经济风险、技术风险、环境风险、管理风险、市场风险和政策风险进行分析识别，并对这些风险进行量化评估。模糊集理论和风险管理理论与本书的关联性如图 2-14 所示。

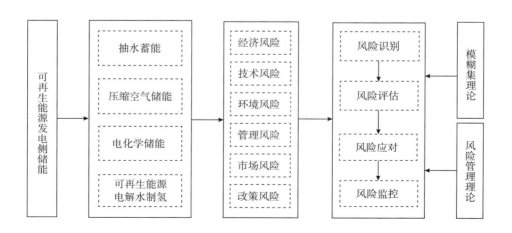

图 2-14　模糊集理论和风险管理理论与本书的关联性

2.2.4　可再生能源发电侧储能技术路径选择的理论分析

可再生能源发电侧储能技术路径的选择除了受储能技术经济效益、环境效益和投资风险的影响外，还会受储能技术参数、社会效益和资源利用的影响[69,74]。在相关研究的基础上，本书分析了影响可再生能源发电侧储能技术路径选择的经济因素、环境因素、技术因素、社会因素和资源利用因素，为可再生能源发电侧储能技术路径选择指标体系的构建提供了依据（见图 2-15）。

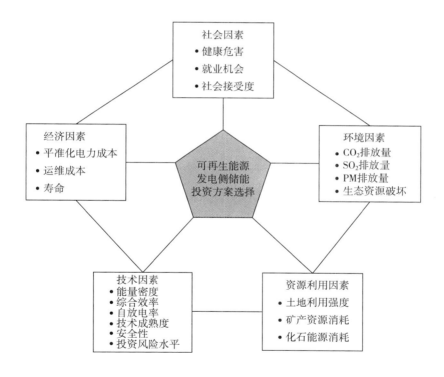

图 2-15　可再生能源发电侧储能技术路径选择的影响因素

经济因素方面，可再生能源发电侧储能技术路径的选择与平准化电力成本、运维成本和寿命有关[88,89,117]。在环境因素方面，可再生能源发电侧储能

技术路径的选择与 CO_2 排放量、SO_2 排放量、PM 排放量和生态资源破坏有关[70,89]。技术因素方面，可再生能源发电侧储能技术路径的选择与储能技术能量密度、综合效率和技术成熟度有关[89,118,119]。社会因素方面，可再生能源发电侧储能技术路径的选择与健康危害、就业机会和社会接受度有关[73,74]。在已有研究的基础上，结合可再生能源发电侧对储能技术的需求，本书增加了自放电率、安全性和投资风险水平三项技术指标。另外，本书还重点考虑了储能技术对资源的利用情况，选取土地利用强度、矿产资源消耗和化石能源消耗作为评价指标。因为随着化石能源日益短缺，投资者越来越关注储能技术对各种资源的利用情况，资源利用因素成为影响投资者决策的重要因素[118,120]。

从以上分析可以看出，可再生能源发电侧储能技术路径的选择实际上是一个涉及经济、环境、技术、社会和资源利用的多准则决策问题。在可再生能源发电侧储能技术路径的选择中，由于决策环境存在众多不确定性因素，而且决策者自身存在判断的局限性和经验的有限性，对定性指标很难做出精确的判断[82,121]。模糊集理论通过数学逻辑的方式识别和转换不确定性因素，为解决可再生能源发电侧储能技术路径选择中的不确定性提供了新的思路[122]。因此，本书利用模糊集理论对可再生能源发电侧储能技术路径的选择进行研究。

多准则决策理论起源于 1896 年 Pareto 提出的 Pareto 最优概念，20 世纪 60 年代被正式引入决策科学领域，该理论主要用于对不同备选方案进行排序与优选。多准则决策理论包括多目标决策与多属性决策两大类，多目标决策用于处理连续决策空间的问题，多属性决策用于处理离散决策空间的问题。根据可再生能源发电侧储能技术路径选择的特点，本书采用多准则决策理论中的多属性决策进行研究。

本书以模糊集理论和多准则决策理论为基础，从经济、环境、技术、社会和资源五个维度构建了可再生能源发电侧储能技术路径选择指标体系，利用多准则决策理论中的偏好顺序结构评估法（PROMETHEE-II）构建了可再生能源发电侧储能技术路径选择模型（见图 2-16）。

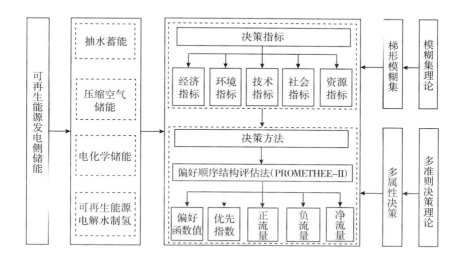

图 2-16　模糊集理论和多准则决策理论与本书的关联性

2.3　本书的理论分析框架

　　本书以全生命周期成本理论、全生命周期评价理论、外部性理论、替代理论、风险管理理论、多准则决策理论和模糊集理论为基础，对可再生能源发电侧储能技术的效益与路径选择进行研究，具体包括可再生能源发电侧储能技术的经济效益研究、环境效益研究、技术路径选择以及对策研究。结合上述理论，本书构建了兼顾能源、经济、环境、技术与社会多维度的可再生能源发电侧储能技术效益评价与路径选择理论分析框架，如图 2-17 所示。

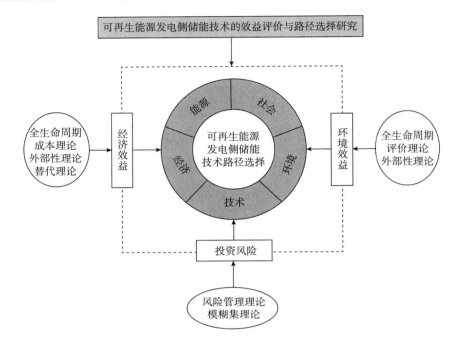

图 2-17　本书的理论分析框架

（1）在可再生能源发电侧储能技术的经济效益方面，本书通过对可再生能源发电侧储能技术生命周期各阶段的分析，明确了可再生能源发电侧储能技术的各项成本，同时分析了可再生能源发电侧储能对化石能源的替代作用，厘清了可再生能源发电侧储能技术的各项收益。在此基础上，构建了可再生能源发电侧储能技术的成本收益模型，对不同发电侧储能技术的平准化成本进行比较，并以风电电解水制氢技术为例，进行了盈利能力分析。

（2）在可再生能源发电侧储能技术的环境效益方面，本书分析了可再生能源发电侧储能技术的环境负外部性问题，利用生命周期评价法对发电侧储能技术的环境效益进行研究，对不同发电侧储能技术的大气特征物质排放量、生态环境影响和资源消耗量进行比较。大气特征物质包括常见的温室气体和大气污染物，如二氧化碳、二氧化硫和氮氧化物等。生态环境影响包括大气环境影响、水生环境影响和人体健康影响，资源消耗包括矿产资源消耗和化石能源消耗。

（3）在可再生能源发电侧储能技术的投资风险方面，本书对影响可再生能源发电侧储能技术投资的经济风险、技术风险、环境风险、管理风险、市场风险和政策风险进行分析识别，建立了可再生能源发电侧储能技术投资风险评价指标体系，结合模糊综合评价法构建了可再生能源发电侧储能技术投资风险评价模型，对可再生能源发电侧储能技术的投资风险进行评价。

（4）在上述研究的基础上，本书对可再生能源发电侧储能的技术路径选择展开研究。本书选取经济效益研究中的平准化电力成本、运维成本作为可再生能源发电侧储能技术路径选择的经济指标，选取环境效益研究中的二氧化碳排放量、二氧化硫排放量、颗粒物排放量等作为可再生能源发电侧储能技术路径选择的环境指标，选取环境效益研究中的矿产资源消耗和化石能源消耗作为可再生能源发电侧储能技术路径选择的资源指标，选取投资风险研究中的投资风险水平作为可再生能源发电侧储能技术路径选择的技术指标，结合能量密度、综合效率、自放电率等技术指标以及就业机会、社会接受度等社会效益指标，最终从经济、环境、技术、社会和资源五个维度建立了可再生能源发电侧储能技术路径选择指标体系，利用区间二型模糊集和PROMETHEE-II方法构建了可再生能源发电侧储能技术路径选择模型，对发电侧储能技术进行综合评价并确定最佳的技术路径方案。

综上所述，以上四个研究问题是相互联系、层层递进的关系。其中，可再生能源发电侧储能技术经济效益研究、环境效益研究和投资风险研究是本书的基础，能够为可再生能源发电侧储能技术路径的选择提供支撑。可再生能源发电侧储能技术的效益评价与路径选择是本书的核心内容，也是可再生能源发电侧储能技术投资决策的关键环节。

2.4 本章小结

　　本章对可再生能源发电侧储能效益评价与路径选择的理论进行了分析。首先，分析了可再生能源发电侧储能的系统构成，明确了本书的研究范围。其次，分析了可再生能源发电侧储能的系统功能，揭示了可再生能源发电侧储能对能源—经济—环境系统的影响机理。最后，从经济效益、环境效益、投资风险和技术路径选择四个方面对可再生能源发电侧储能的相关理论进行分析，阐述了相关理论与本书研究的关联性。在此基础上，构建了本书的理论分析框架，为后续章节奠定了理论基础。

第3章 可再生能源发电侧储能技术的经济效益研究

　　基于2.2.1可再生能源发电侧储能技术经济效益的理论分析，本章以抽水蓄能、压缩空气储能、磷酸铁锂电池储能和风电电解水制氢为研究对象，构建了可再生能源发电侧储能技术成本收益模型，对不同发电侧储能技术的平准化成本进行比较，并以风电电解水制氢技术为例，进行了盈利能力分析。在此基础上，对影响风电电解水制氢技术平准化制氢成本和盈利能力的因素进行了研究，为可再生能源发电侧储能技术经济效益的优化提供依据。

3.1 可再生能源发电侧储能技术经济效益的研究方法与指标

　　本节主要介绍了可再生能源发电侧储能技术经济效益研究的相关方法和相关指标，为可再生能源发电侧储能技术成本收益模型的构建提供了基础。

3.1.1 生命周期成本分析法

生命周期成本分析（Life Cycle Cost Analysis，LCCA）是一种对产品或技术全生命周期的成本进行计量与分析的方法[39,123]，投资成本、运行维护成本、更换成本、回收成本等所有成本都被认为与决策相关。生命周期成本分析法通过计算产品或技术的直接成本和现金流量对成本进行评估，一方面可以用来比较不同的产品或技术替代方案，对成本效益进行优化，另一方面可以用来评估产品或技术从开始到结束全生命周期中所有的输入、输出及潜在的经济影响，进而评估经济效率[39]。与传统的仅考虑初始投资成本的评估方法相比，生命周期成本分析法考虑了生命周期内的所有成本。因此，生命周期成本分析法是一种更加全面、合理的评估方法[37]。目前，生命周期成本分析法已受到各行各业的广泛重视，在能源领域也被大力推广应用，尤其是在经济效益分析、成本管理、成本优化和技术选择等方面[14,19,124]。

生命周期成本分析法的基本框架包括：确定研究对象、生命周期阶段划分、分析各阶段的成本、数据收集与整理、选择成本分析模型、成本计算、成本分析和成本对比，如图 3-1 所示。

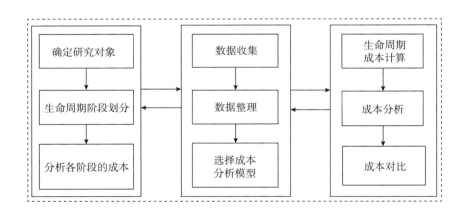

图 3-1　生命周期成本分析法的基本框架

（1）确定研究对象。根据可再生能源发电侧对储能技术的实际需求，结合不同储能技术的特点，本书最终选取抽水蓄能、压缩空气储能、磷酸铁锂电池储能和风电电解水制氢作为研究对象。

（2）生命周期阶段划分。可再生能源发电侧储能技术的全生命周期包括生产阶段、建设阶段、运行阶段以及退役阶段，具体涵盖原材料获取、运输、生产和加工、储能设备的安装和相关工程的建设、储能系统的日常运行、维护和检修以及材料回收、焚烧和填埋处理等过程，如图 3-2 所示。

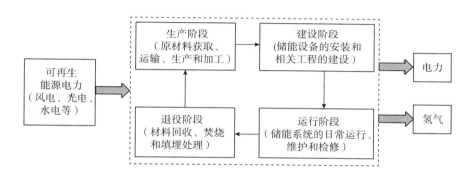

图 3-2　可再生能源发电侧储能的生命周期阶段

（3）分析各阶段的成本。按照各阶段的特点，可再生能源发电侧储能技术的生命周期成本主要包括投资成本、运维成本、更换成本、充电成本和回收成本。

（4）数据收集和整理。收集整理不同发电侧储能技术的经济参数和技术参数，结合研究内容选择合适的成本分析模型。

（5）生命周期成本分析。计算不同发电侧储能技术的生命周期成本，并进行成本分析和成本对比。

3.1.2　平准化成本指标

平准化成本是将产品或技术生命周期内的成本和产出进行平准化贴现，

利用成本和产出相除得到的成本[31]。目前，平准化成本指标已被广泛应用于能源环境领域的经济评价[19,20]。

（1）平准化电力成本。平准化电力成本（Levelized Cost of Electricity, LCOE）也称度电成本，是将储能技术生命周期内的成本和年总上网电量进行平准化后得到的成本，衡量了储能技术每单位放电电量的成本[18,19]（见图 3-3），计算方式如下[31]：

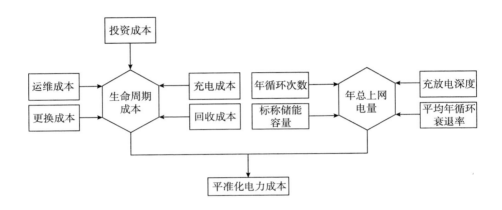

图 3-3　平准化电力成本的计算流程

$$LCOE = \frac{C_{inv}^e \cdot CRF + C_{o\&m}^e + C_{rep}^e \cdot CRF + C_{rec}^e \cdot CRF + C_{ele}^e}{E_D}$$　　式（3-1）

式（3-1）中：上标 e 表示发电，C_{inv} 表示初始投资成本，$C_{o\&m}$ 表示年运维成本，C_{rep} 表示更换成本，C_{rec} 表示回收成本，C_{ele} 表示充电成本，CRF 表示资本回收系数，E_D 表示年总上网电量。

资本回收系数通过折现率 i 和储能技术的寿命 N 进行计算，计算方式如下[31,125,126]：

$$CRF = \frac{1}{\displaystyle\sum_{n=1}^{N} \frac{1}{(1+i)^n}} = \frac{i \cdot (1+i)^N}{(1+i)^N - 1}$$　　式（3-2）

年总上网电量通过年循环次数、标称储能容量、充放电深度、平均年循环衰退率进行计算，计算方式如下[18,22]：

$$E_D = N_{pay} \cdot Q_E \cdot \theta_{DOD} \cdot (1 - \theta_{Deg}) \qquad 式（3-3）$$

　　式（3-3）中：N_{pay} 表示储能技术的年循环次数，Q_E 表示标称储能容量，θ_{DOD} 表示储能技术的充放电深度，θ_{Deg} 表示储能技术的平均年循环衰退率。

　　（2）平准化制氢成本。平准化制氢成本（Levelized Cost of Hydrogen，LCOH）是将可再生能源电解水制氢技术生命周期内的成本和氢气年产量进行平准化后得到的成本（见图 3-4），计算方式如下[31,125]：

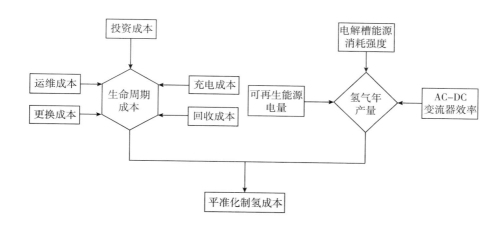

图 3-4　平准化制氢成本的计算流程

$$LCOH = \frac{C_{inv}^h \cdot CRF + C_{o\&m}^h + C_{rep}^h \cdot CRF + C_{rec}^h \cdot CRF + C_{ele}^h}{Q_H} \qquad 式（3-4）$$

　　式（3-4）中：上标 h 表示制氢，Q_H 表示氢气年产量，氢气年产量计算方式如下[30]：

$$Q_{it} = \frac{EW \times \delta}{E_{H_2}} \qquad 式（3-5）$$

　　式（3-5）中：EW 表示可用于制氢的可再生能源电量，δ 表示 AC-DC

变流器的效率，E_{H_2} 表示电解槽能源消耗强度。

3.1.3　盈利能力指标

在能源环境领域的投资决策中，净现值、内部收益率和动态投资回收期可以很好地反映项目的投资收益水平，是常用的盈利能力指标[26,32,127]。因此，本书利用净现值、内部收益率和动态投资回收期对可再生能源发电侧储能技术的经济效益进行评价。

（1）净现值（Net Present Value，NPV）。净现值指在考虑货币时间价值的前提下，投资方案未来资金流入的现值与未来资金流出的现值之间的差额，计算方式如下[128]：

$$NPV = \sum_{t=0}^{N} \frac{CI_t - CO_t}{(1+i)^t} \qquad\qquad 式（3-6）$$

式（3-6）中：i 表示折现率，N 表示投资方案的周期，CI_t 表示 t 时期投资方案的资金流入，CO_t 表示 t 时期投资方案的资金流出。

当折现率一定时，决策准则为：若 $NPV \geq 0$，投资方案在经济上具有可行性；若 $NPV < 0$，投资方案不可行，投资者应该放弃该方案。

（2）内部收益率（Internal Rate of Return，IRR）。内部收益率指投资方案在某一测算期内资金流入现值总额与资金流出现值总额相等，即投资方案的净现值等于零时的折现率，计算方式如下[27]：

$$NPV = \sum_{t=0}^{N} \frac{CI_t - CO_t}{(1+IRR)^t} = 0 \qquad\qquad 式（3-7）$$

内部收益率是投资者渴望达到的报酬率，反映了方案的投资效益。设定基准收益率为 i_0，决策准则为：若 $IRR \geq i_0$，投资方案在经济上具有可行性；若 $IRR < i_0$，投资方案不可行。

（3）动态投资回收期（Dynamic Investment Payback Period，DPBP）。动态投资回收期指在考虑货币时间价值的前提下，将投资方案每年的净现金流量按照基准收益率折算为现值后，净现金流量累计现值等于零的年份，计算方式如下[37]：

$$NPV = \sum_{t=0}^{N_{td}} \frac{CI_t - CO_t}{(1 + i_0)^t} = 0 \qquad 式（3-8）$$

式（3-8）中：N_{td} 表示动态投资回收期。投资方案是否具有可行性的标准是动态投资回收期是否小于或等于行业基准动态投资回收期。

3.2 可再生能源发电侧储能技术成本与收益模型构建

全生命周期成本—收益评价是研究储能技术经济效益的有效手段，成本和收益共同决定了储能技术的经济效益水平[129]。本书从全生命周期的角度出发，分别构建了可再生能源发电侧储能技术的成本模型和可再生能源发电侧储能技术的收益模型。

3.2.1 可再生能源发电侧储能技术的成本模型

可再生能源发电侧储能技术的生命周期成本主要包括投资成本、更换成本、运维成本、年充电成本和回收成本[18,22]。

（1）投资成本。投资成本是储能系统建设初期一次性投入的成本，通常用于设备的采购，对于抽水蓄能、压缩空气储能和磷酸铁锂电池储能，投资成本与系统的存储容量、传输功率相关[22]，计算方式如下[18,22]：

$$C_{inv}^e = C_E + C_P \qquad 式（3-9）$$

式（3-9）中：C_E 表示容量成本，C_P 表示功率成本。

容量成本指储能系统中电池、电池集装箱等与容量相关的设备成本和施工成本，计算方式如下[22]：

$$C_E = U_E \cdot Q_E \qquad\qquad 式（3-10）$$

式（3-10）中：U_E 表示单位容量投资成本，Q_E 表示标称储能容量。

功率成本指储能系统中变流器、变压器等与功率相关的设备成本和施工成本，计算方式如下[22]：

$$C_P = U_P \cdot W_P \qquad\qquad 式（3-11）$$

式（3-11）中：U_P 表示单位功率投资成本，W_P 表示标称功率容量。

对于风电电解水制氢技术，投资成本与电解槽的购买成本和安装成本相关，计算方式如下[126]：

$$C_{inv}^h = C_C + C_I \qquad\qquad 式（3-12）$$

$$C_C = P_C \cdot I_C \qquad\qquad 式（3-13）$$

$$C_I = \beta_I \cdot C_C \qquad\qquad 式（3-14）$$

式（3-12）~式（3-14）中：C_C 表示电解槽投资成本，P_C 表示电解槽价格，I_C 表示电解槽容量，C_I 表示电解槽安装成本，β_I 表示电解槽安装成本占电解槽投资成本的百分比。

（2）更换成本。对于抽水蓄能、压缩空气储能和磷酸铁锂电池储能，更换成本按照单位容量更换成本和储能容量计算，计算方式如下[18,22,125]：

$$C_{rep}^e = \sum_{k=1}^m \frac{U_{rep} \cdot Q_E}{(1+i)^{kt}} \qquad\qquad 式（3-15）$$

式（3-15）中：U_{rep} 表示储能系统中单位容量的更换成本，k 表示更换次数，t 表示更换间隔时间。

对于风电电解水制氢技术，更换成本按照其占电解槽投资成本的比例计算，计算方式如下[125]：

$$C_{rep}^h = \sum_{k=1}^m \frac{\beta_R \cdot C_C}{(1+i)^{kt}} \qquad\qquad 式（3-16）$$

式（3-16）中：β_R 表示电解槽更换成本占电解槽投资成本的百分比。

（3）年运维成本。年运维成本是指储能系统每年正常运行和维护过程中产生的费用，包括设备检修、试验、损耗和维护时的人工成本和材料成本等。

对于抽水蓄能、压缩空气储能和磷酸铁锂电池储能，年运维成本计算方式如下[22]：

$$C_{o\&m}^{e} = U_{o\&m}^{E} \cdot Q_E + U_{o\&m}^{P} \cdot W_P + U_{Labor} \qquad \text{式（3-17）}$$

式（3-17）中：$U_{o\&m}^{E}$ 表示单位容量年运维成本，$U_{o\&m}^{P}$ 表示单位功率年运维成本，U_{Labor} 表示运维人工成本。

对于风电电解水制氢技术，年运维成本计算方式如下[30]：

$$C_{o\&m}^{h} = \frac{m_o}{i - i_{o\&m}} \left[1 - (1 + i_{o\&m})^n (1+i)^{-n} \right] + P_w \cdot f_w \cdot Q_H \qquad \text{式（3-18）}$$

式（3-18）中：m_o 表示风电电解水制氢系统第一年的运行维护成本，$i_{o\&m}$ 表示运维升级率。P_w 表示水的单价，f_w 表示水资源消耗强度。

（4）年充电成本。年充电成本是指储能系统生命周期中充电所需要支付的费用[18]，利用度电充电成本、年充电次数和充放电效率等进行计算，计算方式如下[18,22]：

$$C_{ele} = \frac{C_{el} \cdot Q_E \cdot \theta_{DOD} \cdot N_y}{\eta_{RT}} \qquad \text{式（3-19）}$$

式（3-19）中：C_{el} 表示度电充电成本，N_y 表示年充电次数，η_{RT} 表示充放电效率。

（5）回收成本。回收成本指储能系统寿命终止时拆除所产生的回收或二次使用的费用，利用报废成本率计算，计算方式如下[18]：

$$C_{rec}^{e} = \frac{\alpha \cdot C_{inv}^{e}}{(1+i)^N} \qquad \text{式（3-20）}$$

$$C_{rec}^{h} = \frac{\beta_s \cdot C_C}{(1+i)^N} \qquad \text{式（3-21）}$$

式（3-20）、式（3-21）中：α 和 β_s 分别表示储能设备和电解系统的报废成本率。

3.2.2 可再生能源发电侧储能技术的收益模型

可再生能源发电侧储能在电力系统中通过承担调峰、调频、备用电源、可再生能源消纳等任务，产生一定的经济收益[27,36]。可再生能源发电侧储能技术的经济收益分为直接经济收益和间接经济收益两部分，具体包括电量收益、辅助服务收益、售氢收益、环境收益和节煤收益等[27,130]。由于目前我国电力辅助服务市场尚不成熟，因此，本书没有考虑可再生能源发电侧储能技术的辅助服务收益。

（1）直接经济收益。可再生能源发电侧储能技术的直接经济收益体现在两方面：一方面是电量收益，可再生能源发电侧储能在负荷低谷时充电并在负荷高峰时放电，通过参与削峰填谷，获取相应收益[27]；另一方面是售氢收益，指可再生能源电解水制氢通过出售氢气获取收益[25]。电量收益的计算方式如下：

$$RE_1^e = \Delta R \cdot E_W \qquad\qquad 式（3-22）$$

式（3-22）中：RE_1^e 表示电量收益，ΔR 表示储能系统所在地的峰谷电价差，E_W 表示电网多接纳的风电电量。

售氢收益的计算方式如下：

$$RH_1^h = PH_t \cdot QH_t \qquad\qquad 式（3-23）$$

式（3-23）中：RH_1^h 表示售氢收益，PH_t 表示第 t 年氢气的出售单价，QH_t 表示第 t 年氢气的销售量。

（2）间接经济收益。可再生能源发电侧储能技术的间接经济收益体现在发电侧储能通过峰谷时段的充放电作用，有效减少常规火电厂燃煤发电过程中二氧化碳、二氧化硫、氮氧化物和悬浮颗粒物等的排放，降低了环境治理成本，计算方式如下[36]：

$$RE_2^e = \sum_{i=1}^{n} (U_i \cdot Q_i) \cdot E_D \qquad\qquad 式（3-24）$$

式（3-24）中：RE_2^e 表示传统储能技术的间接经济收益，U_i 表示常规火电厂燃煤发电第 i 种温室气体或污染物的环境负荷量单位成本，Q_i 表示第 i 种温室气体或污染物的排放量，n 表示温室气体和污染物的总数，E_D 表示储能系统年总上网电量。

风电电解水制氢技术的间接经济收益可以通过等效常规煤电价值来计算[25]：

$$M_t = \frac{Q_H \cdot E_{H_2} \cdot 3.6}{Q_m}　　　　　　式（3-25）$$

$$RH_2^h = \sum_{i=1}^{n} V_i \cdot M_t \cdot \delta_i　　　　　　式（3-26）$$

式（3-25）、式（3-26）中：RH_2^h 表示风电电解水制氢技术的间接经济收益，M_t 表示年耗煤量，Q_m 表示燃煤的热值，即 21.2MJ/kg。V_i 表示第 i 种温室气体或污染物的环境价值，δ_i 表示第 i 种温室气体或污染物的排放率。

常规燃煤电厂温室气体、污染物的排放率和环境价值标准如表 3-1 所示。

表 3-1　常规燃煤电厂的排放率和环境价值标准

项目	SO_2	CO_2	NO_x	CO	总悬浮颗粒物	粉煤灰	炉渣
排放率（kg/t）	18	1731	8	0.260	0.400	110	30
项目	SO_2	CO_2	NO_x	CO	总悬浮颗粒物	粉煤灰	炉渣
环境价值（元/kg）	6.000	0.023	8.000	1.000	2.200	0.120	0.100

数据来源：参考文献[25,36]。

3.3　算例仿真

本节主要介绍了可再生能源发电侧储能的案例选取以及抽水蓄能、压缩空气储能、磷酸铁锂电池储能和风电电解水制氢的技术经济参数，在此基础上分析了可再生能源发电侧储能技术的生命周期成本和盈利能力。

3.3.1 算例介绍

中国的陆地风电场主要分布在西北一带，其中新疆风力资源丰富，2020年新疆风电装机容量2361万千瓦，装机容量位居全国第2位，风力发电量434亿千瓦时，占全国风力发电总量的9.303%[131]。因此，新疆在风力发电方面具有很强的代表性。本书选取新疆维吾尔自治区哈密市50兆瓦风电场的弃风电力配套建设的储能项目作为研究对象，项目建设期1年，运营期20年。其中，风电场年综合利用小时数2800小时，年上网电量1.400亿千瓦时。2020年新疆的弃风率为10.300%，弃电利用率为45%[23]。风电电解水制氢的技术经济参数如表3-2所示。

表3-2 风电电解水制氢的技术经济参数

参数	符号	数据	单位
寿命	N	20	年
折现率	i	8	%
电解槽效率	—	60	%
氢气价格	PH_t	2.500	元/Nm³
AC-DC变流器效率	δ	93	%
电解槽能源消耗强度	E_{H_2}	4.500~5.500	kWh/Nm³
碱性电解槽价格	P_C	2000	元/kW
安装成本百分比	β_I	12	%
更换成本百分比	β_R	40	%
运维成本百分比	θ	5	%
运维升级率	$i_{o\&m}$	3.500	%

续表

参数	符号	数据	单位
水资源消耗强度	f_w	9	kg
电解槽更换频率	–	7	年

数据来源：参考文献[23,25,30,31,132,133]。

抽水蓄能、压缩空气储能和磷酸铁锂电池储能的单位容量投资成本、单位容量运维成本、单位容量更换成本等经济参数以及充放电效率、充放电深度、平均年循环衰退率等技术参数如表 3-3 所示。

表 3-3　可再生能源发电侧储能的技术经济参数

参数	符号	抽水蓄能	压缩空气储能	磷酸铁锂电池储能	单位
储能容量	Q_E	500	300	10	MWh
装机容量	W_P	100	60	10	MW
单位容量投资成本	U_E	500~1000	1000~2500	3224	元/kWh
单位功率投资成本	U_P	3000~5000	4000~6000	1085	元/kW
单位容量运维成本	$U_{o\&m}^E$	10000	2000	20000	元/MWh
单位功率运维成本	$U_{o\&m}^P$	20000	15000	20000	元/MW
运维人工成本	U_{Labor}	11400000	3000000	150000	元
单位容量更换成本	U_{rep}	0	0	900000	元/MWh
报废成本率	α	0	0	0	%
储能充放电效率	η_{RT}	75	60	90	%
寿命	N	50	30	20	年
充放电深度	θ_{DOD}	100	100	90	%
平均年循环衰退率	θ_{Deg}	0.4	0.4	1.1	%
年循环次数	N_{pay}	396	396	396	次

数据来源：参考文献[18,19,22,108]。

3.3.2 可再生能源发电侧储能技术的生命周期成本分析

本书按照是否考虑充电价格设置了两种情景，情景一：不考虑充电电价，情景二：考虑充电电价。根据本书构建的可再生能源发电侧储能技术成本模型，不同情景下发电侧储能技术生命周期成本计算结果如表 3-4 所示。

表 3-4　可再生能源发电侧储能技术生命周期成本比较

成本	抽水蓄能 （元/kWh）	压缩空气储能 （元/kWh）	磷酸铁锂电池储能 （元/kWh）	风电电解水制氢 （元/kgH$_2$）
投资成本	0.383	0.714	1.245	0.941
运维成本	0.093	0.038	0.156	5.290
更换成本	0.000	0.000	0.120	0.311
回收成本	0.000	0.000	0.000	0.000
充电成本	0.134	0.167	0.112	5.968
平准化电力成本（情景一）	0.477	0.752	1.522	–
平准化电力成本（情景二）	0.611	0.919	1.634	–
平准化制氢成本（情景一）	–	–	–	6.541
平准化制氢成本（情景二）	–	–	–	12.509

数据来源：笔者计算得出。

由表 3-4 可知，情景一中抽水蓄能、压缩空气储能和磷酸铁锂电池储能的平准化电力成本分别是 0.477 元/kWh、0.752 元/kWh 和 1.522 元/kWh，风电电解水制氢的平准化制氢成本是 6.541 元/kgH$_2$。将平准化成本按照热量单位"MJ"进行换算，四种储能技术的平准化成本分别为 0.132 元/MJ、0.209 元/MJ、0.423 元/MJ 和 0.046 元/MJ。按照同样的方法进行换算，情景二中抽水蓄能、压缩空气储能、磷酸铁锂电池储能和风电电解水制氢的平准化成本分别为 0.170 元/MJ、0.255 元/MJ、0.454 元/MJ 和 0.087 元/MJ。通过上述分析可知，平准化成本由低到高依次是风电电解水制氢、抽水蓄能、压缩空气储能和磷酸铁锂电池储能。

本书对不同情景下可再生能源发电侧储能技术的平准化成本构成进行了分析，结果如图 3-5 和图 3-6 所示。

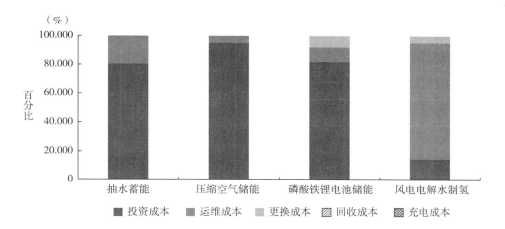

图 3-5　可再生能源发电侧储能技术的平准化成本构成（情景一）

数据来源：笔者计算得出。

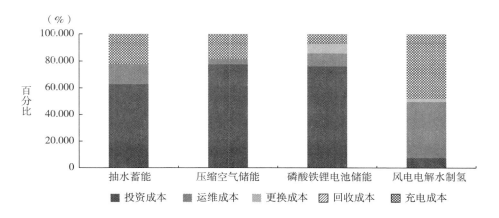

图 3-6　可再生能源发电侧储能技术的平准化成本构成（情景二）

数据来源：笔者计算得出。

情景一中抽水蓄能、压缩空气储能、磷酸铁锂电池储能和风电电解水制氢的平准化成本构成差异不大，主要来源于投资成本和运维成本，更换成本和回收成本占比较小。对于抽水蓄能、压缩空气储能和磷酸铁锂电池储能，首先投资成本占比最大，分别占平准化电力成本的 80.428%、94.942% 和 81.829%，其次是运维成本，分别占 19.572%、5.058% 和 10.255%。与上述三种储能技术不同，风电电解水制氢的平准化制氢成本中运维成本占比最大，运维成本占平准化制氢成本的 80.867%，其次是投资成本，占比为 14.386%。这是因为碱性电解槽有腐蚀液体，后期运维复杂，运维成本高。

　　情景二中抽水蓄能和压缩空气储能的平准化电力成本主要来源于投资成本和充电成本，投资成本的占比分别为 62.794% 和 77.660%，充电成本的占比分别为 21.925% 和 18.203%。磷酸铁锂电池储能的平准化电力成本主要来源于投资成本和运维成本，占比分别为 76.202% 和 9.550%。风电电解水制氢的平准化制氢成本主要来源于充电成本和运维成本，其中首先充电成本占比最大，为 47.707%，其次是运维成本，占比为 42.288%。通过上述分析可知，当考虑充电电价时，充电成本在可再生能源发电侧储能技术的平准化成本中占比较大。因此，要想降低发电侧储能技术的平准化成本，需要尽量降低充电电价。

3.3.3　可再生能源发电侧储能技术的盈利能力分析

　　本节以风电电解水制氢技术为例，进行了盈利能力分析。经计算，风电电解水制氢技术的售氢收益为 309.475 万元/年，环境收益为 25.840 万元/年，总收益为 335.315 万元/年。不同折现率下风电电解水制氢技术的净现值、内部收益率和动态投资回收期计算结果如表 3-5 所示。

　　当折现率在 4%~12% 变化时，风电电解水制氢技术的净现值始终为正，随着折现率的增加，净现值逐渐降低。当折现率在 4%~12% 变化时，动态投资回收期小于项目运营期 20 年，说明在运营期间可以收回初始资本投资，而且可以获得一定的利润。内部收益率为 13.750%，高于我国可再生能源项目的实际折现率（6%～10%）[23]。因此，从盈利能力角度来看，风电电解水制氢技术在经济上是可行的。

表 3-5　不同折现率下风电电解水制氢的盈利能力

盈利能力指标	折现率				
	4%	6%	8%	10%	12%
净现值（万元）	425.858	292.686	189.806	109.146	45.000
动态投资回收期（年）	8.240	9.080	10.200	11.800	15.180
内部收益率	13.750%	–	–	–	–

数据来源：笔者计算得出。

3.4　敏感性分析

可再生能源发电侧储能技术的成本和收益受多种技术因素和经济因素的影响，为了使可再生能源发电侧储能技术的经济效益分析更加准确，同时了解输入参数的不确定性如何影响经济效益，本节进行了敏感性分析。

3.4.1　平准化制氢成本的敏感性分析

本节分析了技术进步、风电电价、弃电利用率、转换器效率和运维成本对风电电解水制氢技术平准化制氢成本的影响。

3.4.1.1　技术进步对平准化制氢成本的影响

《中国氢能产业发展报告2020》对未来碱性电解槽关键参数的预测如表3-6所示。

表 3-6 碱性电解水制氢技术关键参数

参数	单位	2020 年	2030 年	2040 年	2050 年
电解槽效率	%	60	65	71	78
电解槽价格	元/kW	2000～3000	1000～1500	800～1200	600～1000
电解槽能源消耗强度	kWh/kg	55.500	51.400	47.300	43.600

数据来源：参考文献[134]。

根据本书构建的可再生能源发电侧储能技术成本模型，结合未来碱性电解槽关键参数的预测，风电电解水制氢技术的平准化制氢成本如图 3-7 所示。

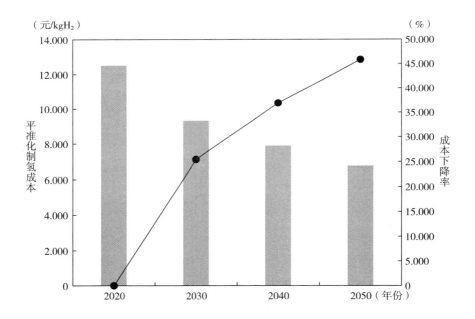

图 3-7 未来风电电解水制氢技术平准化制氢成本

数据来源：笔者计算得出。

由图 3-7 可以看出，2020~2050 年风电电解水制氢技术的平准化制氢成本在不断下降，成本下降率在不断提高。2030 年、2040 年和 2050 年的平准化制氢成本分别为 9.328 元/KgH$_2$、7.892 元/KgH$_2$ 和 6.773 元/KgH$_2$，与 2020 年相比，分别下降了 25.430%、36.909% 和 45.855%。平准化制氢成本下降的原因有两个，一是随着技术进步和规模化效应，电解槽价格显著下降。根据《中国氢能产业发展报告 2020》对未来碱性电解槽关键参数的预测，与 2020 年相比，2050 年碱性电解槽价格将平均下降 68%[134]。二是随着生产工艺进步以及隔膜、催化剂等材料优化，2050 年电解槽能源消耗强度将下降到 43.600kWh/kg，电解槽效率将提高到 78%[134]。

3.4.1.2　风电电价对平准化制氢成本的影响

由 3.3.2 可知，当考虑充电电价时，充电成本在平准化制氢成本中占比最大。因此，风电电价的变化必然会影响风电电解水制氢技术的经济性，从而对其经济效益产生影响。本节分析了风电电价的变化对风电电解水制氢技术平准化制氢成本的影响，结果如图 3-8 所示。

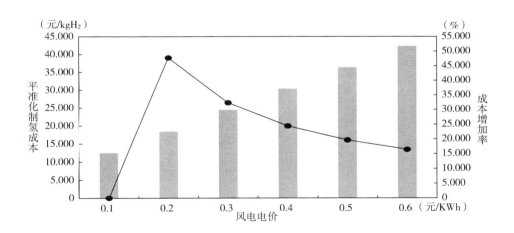

图 3-8　风电电价对平准化制氢成本的影响

数据来源：笔者计算得出。

由图 3-8 可以看出，随着风电电价的增加，风电电解水制氢技术的平准化制氢成本也在不断增加。当风电电价从 0.1 元/kWh 增加到 0.6 元/kWh 时，平准化制氢成本从 12.509 元/kgH_2 增加到 42.348 元/kgH_2。当风电电价从 0.1 元/kWh 增加到 0.2 元/kWh 时，成本增加率逐渐上升。当风电电价超过 0.2 元/kWh 时，成本增加率逐渐降低。预计未来十年我国风电、光伏每年新增装机分别为 5000 万千瓦、7000 万千瓦左右，随着可再生能源发电装机的不断增加，技术学习中的"干中学"效应将会带动风电和光伏发电单位装机投资成本的下降。在这种趋势下，可再生能源电力成本将会进一步下降，从而使可再生能源电解水制氢逐步具备经济竞争力[5,135]。

3.4.1.3 其他因素对平准化制氢成本的影响

除了分析技术进步和风电电价对风电电解水制氢平准化制氢成本的影响，本书还分析了弃电利用率、转换器效率和运维成本对平准化制氢成本的影响，如图 3-9 所示。

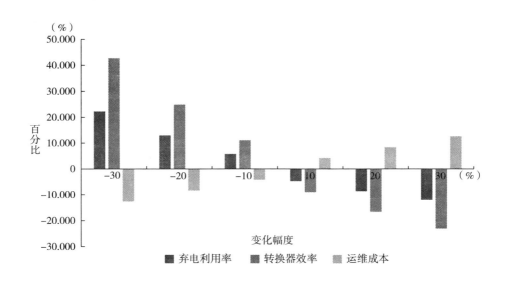

图 3-9 风电电解水制氢平准化制氢成本的敏感性分析

数据来源：笔者计算得出。

由图 3-9 可以看出，风电电解水制氢技术的平准化制氢成本与弃电利用率和转换器效率的变动方向相反。当弃电利用率和转换器效率提高（下降）时，平准化制氢成本下降（上升）。弃电利用率提高 10%、20% 和 30% 时，平准化制氢成本分别下降 4.725%、8.666% 和 11.999%。转换器效率提高 10%、20% 和 30% 时，平准化制氢成本分别下降 9.065%、16.612% 和 23.007%。风电电解水制氢技术的平准化制氢成本与运维成本的变动方向一致。当运维成本提高（下降）时，平准化制氢成本上升（下降）。运维成本下降 10%、20% 和 30% 时，平准化制氢成本分别下降 4.197%、8.394% 和 12.599%。从平准化制氢成本的变化幅度来看，首先转换器效率是影响平准化制氢成本的重要因素，其次是弃电利用率和运维成本。因此，提高转换器效率、提高弃电利用率、降低运维成本是降低风电电解水制氢技术平准化制氢成本的有效途径。

3.4.2 盈利能力的敏感性分析

本节分析了风电电价、氢气价格、电解槽能源消耗强度对风电电解水制氢技术盈利能力的影响，结果如图 3-10 和图 3-11 所示。

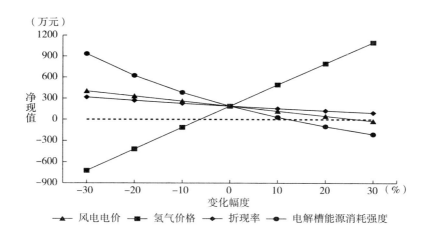

图 3-10 风电电解水制氢净现值的敏感性分析

数据来源：笔者计算得出。

可再生能源发电侧储能技术的效益评价与路径选择研究

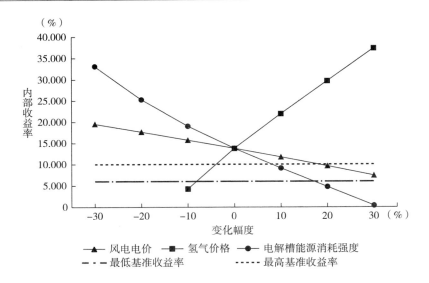

图 3-11　风电电解水制氢内部收益率的敏感性分析

数据来源：笔者计算得出。

3.4.2.1　净现值的敏感性分析

（1）敏感性程度。由图 3-10 可以判断出风电电价、氢气价格、折现率和电解槽能源消耗强度对风电电解水制氢净现值的敏感性程度。氢气价格的斜率为正值，表明它与净现值同方向变动，电解槽能源消耗强度、风电电价和折现率的斜率为负值，表明它们与净现值反方向变动。氢气价格的斜率绝对值最大，然后依次是电解槽能源消耗强度、风电电价和折现率，表明对风电电解水制氢技术净现值最敏感的因素首先是氢气价格，其次是电解槽能源消耗强度、风电电价和折现率。

（2）临界点。图 3-10 中每条直线与净现值为零的水平线的交点就是风电电解水制氢技术可行的临界点。当氢气价格的下降幅度超过基准值的 8%，即低于 2.116 元/Nm³ 时，风电电解水制氢由可行变为不可行；当电解槽能源消耗强度的上升幅度超过基准值的 18%，即高于 5.900kWh/Nm³ 时，风电电

·72·

解水制氢变为不可行。风电电价和折现率在取值范围内不会影响风电电解水制氢的可行性。

3.4.2.2　内部收益率的敏感性分析

（1）敏感性程度。由图3-11可以看出，氢气价格的斜率为正值，表明它与内部收益率同方向变化，电解槽能源消耗强度和风电电价的斜率为负值，表明它们与内部收益率反方向变动。氢气价格的斜率绝对值最大，然后依次是电解槽能源消耗强度和风电电价，表明对风电电解水制氢技术内部收益率最敏感的因素首先是氢气价格，其次是电解槽能源消耗强度和风电电价。

（2）临界点。我国可再生能源项目的最低基准收益率为6%，最高基准收益率为10%[23]，表明投资者可以接受的最低收益水平为6%。图3-11中，各敏感因素直线与最低基准收益率直线的交点就是风电电解水制氢技术可行的临界点。当氢气价格的下降幅度超过基准值的8%，即低于2.116元/Nm^3时，风电电解水制氢变为不可行，当电解槽能源消耗强度的上升幅度超过基准值的18%，即高于5.900kWh/Nm^3时，风电电解水制氢变为不可行。风电电价在取值范围内不会影响风电电解水制氢的可行性。从以上分析可知，内部收益率确定的临界点与净现值确定的临界点一致，这是因为两种指标采用了相同的基准折现率，所以对于同一个投资方案的评价结果一致。

3.5　本章小结

本章对可再生能源发电侧储能技术的经济效益进行了研究。首先，介绍了可再生能源发电侧储能技术经济效益研究的相关方法和相关指标，构建了可再生能源发电侧储能技术的成本收益模型。其次，对不同发电侧储能技术的平准化成本进行比较，并以风电电解水制氢技术为例，通过净现值、内部收益率和动态投资回收期三项指标对其盈利能力进行分析。最后，研究了技术进步、风电电价、弃电利用率、转换器效率和运维成本对平准化制氢成本的影响，以及风电电价、氢气价格和电解槽能源消耗强度对净现值和内部收益率的影响。

第4章 可再生能源发电侧储能技术的环境效益研究

可再生能源发电侧储能技术在电力系统中通过调峰、调频、参与电网辅助服务等产生经济效益的同时，也会对生态环境产生影响。因此，基于2.2.2节中可再生能源发电侧储能技术环境效益的理论分析，本章利用生命周期评价法对可再生能源发电侧储能技术的环境效益进行研究，对不同发电侧储能技术的大气特征物质排放量、生态环境影响和资源消耗量进行比较。在此基础上，研究了主要材料投入量的变化对可再生能源发电侧储能技术环境效益的影响，为可再生能源发电侧储能技术环境效益的优化提供依据。

4.1 可再生能源发电侧储能技术的生命周期评价

本节主要介绍了生命周期评价法的基本内涵、基本框架以及对本书研究的适用性，在此基础上构建了可再生能源发电侧储能技术的生命周期评价模型。

4.1.1 生命周期评价法

生命周期评价（Life Cycle Assessment，LCA）是一种评价产品、技术或活动在原材料提取、产品制造、运输、使用、维护和回收全生命周期中资源的消耗以及污染物的排放带来的潜在环境影响的方法[33]。根据国际标准ISO14040，生命周期评价法的实施步骤包括目标与范围确定、清单分析、影响评价和结果解释四个部分[136]（见图4-1）。

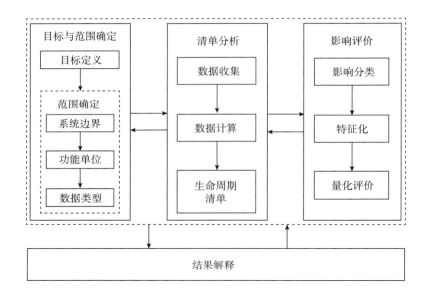

图4-1 生命周期评价法的基本框架

生命周期评价法的优点是通过对生命周期中每个阶段的材料和能源使用情况进行分析，可以客观识别和量化环境指标，从而确定产品、技术或活动生命周期中的薄弱环节[56]。目前，生命周期评价法被广泛应用于可再生能源电力领域和储能领域[33,44,137,138]。本书利用生命周期评价法对可再生能源发电侧储能技术的大气特征物质排放量、生态环境影响和资源消耗量进行研究，同时分析了不同材料和生产阶段对大气特征物质排放量和生态环境影响的贡献，为可再生能源发电侧储能技术的节能减排提供参考。

4.1.2 可再生能源发电侧储能技术的生命周期评价模型

根据生命周期评价法的基本框架，本节确定了可再生能源发电侧储能技术生命周期评价的目标与范围，建立了抽水蓄能、压缩空气储能、磷酸铁锂电池储能和风电电解水制氢四种储能技术的生命周期清单，明确了生态环境影响特征化和量化评价的方法，并阐述了结果解释的核心内容。

4.1.2.1 目标与范围确定

（1）研究目标。本书以可再生能源发电侧储能技术的环境效益研究为目标，通过分析发电侧储能技术全生命周期的输入情况以及与环境系统的输出关系，对其生产阶段、建设阶段、运行阶段、退役阶段的大气特征物质排放量、生态环境影响和资源消耗量进行研究。

2）系统边界与功能单位。可再生能源发电侧储能技术的生命周期系统边界如图4-2所示，其中，系统边界范围内的主要输入包括各种原材料和能源，如煤炭、钢材、柴油、水泥、电力等，主要输出包括电力、氢气、再生材料、气体污染物、水体污染物和固体废弃物等[126]。

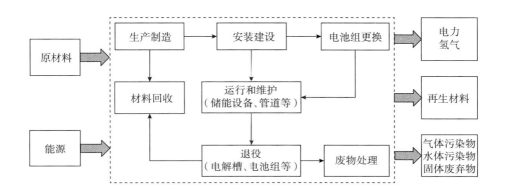

图4-2 可再生能源发电侧储能的生命周期系统边界

可再生能源发电侧储能技术的效益评价与路径选择研究

功能单位是生命周期评价中定义输入和输出的统一单元，可以为评价对象提供具体的参照标准。对于抽水蓄能、压缩空气储能、磷酸铁锂电池储能，本书以 1 kWh 发电量作为功能单位，对于风电电解水制氢技术，本书以生产 1 kg 的氢气（标准状态）作为功能单位。为了使风电电解水制氢技术与其他储能技术的环境效益具有可比性，本书采用热值法将上述四种发电侧储能技术的环境效益进行标准化。

4.1.2.2　清单分析

清单分析指对可再生能源发电侧储能技术生命周期中的投入产出进行量化分析。首先，需要对发电侧储能技术生命周期的投入产出数据进行收集，主要途径包括：①储能企业实地调研；②储能行业研究报告；③期刊、书籍、报纸等文献资料。其次，对收集的数据进行分析和处理，建立相应的材料消耗清单。

可再生能源发电侧储能技术的生产阶段包括原材料的获取、运输、生产和加工，建设阶段包括储能系统的安装和相关工程的建设，运行阶段包括储能系统的日常运行、维护和检修，退役阶段包括材料回收、焚烧和填埋处理。铜、铝、铁以及各种合金材料主要采用回收利用的方式，塑料采用地下填埋和焚烧两种方式，其他材料如混凝土采用填埋处理方式[138]（见表 4-1）。本书考虑了可再生能源发电侧储能技术退役阶段材料回收、焚烧和填埋产生的环境影响，不考虑材料回收产生的环境正效益。

表 4-1　废弃材料的回收和处理方式

材料	处理方式		
	回收比例	焚烧比例	填埋比例
铜	92%	-	8%
铝	92%	-	8%
钢材	92%	-	8%
铁	92%	-	8%

· 78 ·

续表

材料	处理方式		
	回收比例	焚烧比例	填埋比例
塑料	–	50%	50%
混凝土	–	–	100%
铜合金	70%	–	30%
钛合金	90%	–	10%
铝合金	60%	–	40%

数据来源：参考文献[42,138]。

（1）抽水蓄能技术的生命周期清单分析。抽水蓄能技术的生产阶段主要包括铝材、钢材、水泥等原材料的获取、运输、生产和加工等过程。建设阶段主要包括土石方工程的开挖、回填、电站相关工程的建造和输电设施的建设。运行阶段机电设备更新消耗较少，主要考虑电站运行过程中产生的生活垃圾和废水。退役阶段主要考虑钢材、铁、铝等金属材料的回收以及固体废物的填埋。

根据相关文献和储能企业的实地调研，本书收集了抽水蓄能技术生命周期的物耗和能耗数据，主要包括钢材、水泥和混凝土等，如表4-2所示。由于其他材料的消耗量相对较小，本书不予考虑。

表4-2 抽水蓄能技术的生命周期清单

阶段	项目	单位	数值
生产阶段	钢材	g/kWh	0.646
	水泥	g/kWh	2.843
	铝材	g/kWh	0.048
	电力	kWh/kWh	0.001
	柴油	g/kWh	0.116
	铁	g/kWh	0.071
	铜	g/kWh	0.040
	碳钢	g/kWh	0.093
	不锈钢	g/kWh	0.084

可再生能源发电侧储能技术的效益评价与路径选择研究

续表

阶段	项目	单位	数值
建设阶段	混凝土	g/kWh	16.028
	煤炭	g/kWh	8.873
	汽油	g/kWh	0.130
	柴油	g/kWh	3.008
运行阶段	生活垃圾	g/kWh	0.031

数据来源：参考文献[139,140]。

（2）压缩空气储能技术的生命周期清单分析。压缩空气储能技术的生产阶段主要包括各种原材料的获取和生产加工等。建设阶段主要包括膨胀机、压缩机、发电机的安装以及储气装置的建设。运行阶段包括储能系统的运行、日常维护和检修等。退役阶段主要包括钢材、铁、铝等金属材料的回收、塑料的焚烧以及固体废物的填埋。

根据相关文献和储能企业的实地调研，本书收集了压缩空气储能技术生命周期的物耗和能耗数据，主要包括碳钢、电力、柴油等，如表4-3所示。由于其他材料的消耗量相对较小，本书不予考虑。

表4-3 压缩空气储能的生命周期清单

阶段	项目	单位	数值
生产阶段	碳钢	g/kWh	0.515
	铸铁	g/kWh	0.041
	合金钢	g/kWh	0.013
	不锈钢	g/kWh	0.061
	铝合金	g/kWh	0.077
	钛合金	g/kWh	0.002
	铜	g/kWh	0.009
	岩棉	g/kWh	0.036
	塑料	g/kWh	0.002
	电力	kWh/kWh	0.001

· 80 ·

续表

阶段	项目	单位	数值
建设阶段	混凝土	m³/kWh	0.000
	高合金钢	g/kWh	0.100
	柴油	g/kWh	0.079
	电力	kWh/kWh	0.000
	焦炭	g/kWh	0.014
运行阶段	电力	kWh/kWh	1.557

数据来源：参考文献[42]。

（3）磷酸铁锂电池储能技术的生命周期清单分析。磷酸铁锂电池储能技术的生产阶段包括原材料的生产和电芯的制造，涉及的原材料包括磷酸铁锂、导电炭黑、电解液、铜箔和铝箔等[44]。建设阶段包括电池管理系统、储能变流器和能量管理系统的组装，涉及水、电力和天然气的消耗。运行阶段包括储能电池组以及其他电气设备的运行和维护，主要涉及电力的消耗。退役阶段主要包括废水的处理和铜箔铝箔的回收。

本书收集了磷酸铁锂电池储能技术生命周期的物耗和能耗数据，主要包括磷酸铁锂、聚偏氟乙烯和丁苯橡胶等，如表4-4所示。由于其他材料的消耗量相对较小，本书不予考虑。

表4-4 磷酸铁锂电池储能技术的生命周期清单

阶段	项目	单位	数值
生产阶段	磷酸铁锂	g/kWh	1.280
	导电炭黑	g/kWh	0.610
	铜箔	g/kWh	0.350
	铝箔	g/kWh	0.200
	电解液	g/kWh	0.740
	隔膜	g/kWh	0.190
	铝壳	g/kWh	0.630
	聚偏氟乙烯	g/kWh	25.500
	丁苯橡胶	g/kWh	25.500

续表

阶段	项目	单位	数值
建设阶段	去离子水	g/kWh	0.990
	电力	kWh/kWh	0.001
	天然气	m³/kWh	0.033
运行阶段	电力	kWh/kWh	0.001

数据来源：参考文献[44,52]。

（4）风电电解水制氢技术的生命周期清单分析。风电电解水制氢技术的生产阶段主要包括铝、铜、活性炭这些原材料的获取、生产和加工。建设阶段包括电力配备设备（整流器、变压器和逆变器）、电解装置和处理装置的安装建设。运行阶段包括电解水系统的运行和维护，涉及水和电力的消耗。退役阶段主要包括钢材、铁、铝等金属材料的回收以及固体废物的填埋。

本书收集了风电电解水制氢技术生命周期的物耗和能耗数据，主要包括电力、水和钢材等，如表4-5所示。由于其他材料的消耗量相对较小，本书不予考虑。

表4-5　风电电解水制氢技术的生命周期清单

阶段	项目	单位	数值
生产阶段	钛	g/kgH$_2$	0.583
	铝	g/kgH$_2$	0.030
	不锈钢	g/kgH$_2$	0.111
	铜	g/kgH$_2$	0.005
	活性炭	g/kgH$_2$	0.010
	全氟磺酸膜	g/kgH$_2$	0.018
	铱	g/kgH$_2$	0.001
建设阶段	混凝土	g/kgH$_2$	6.190
	铝	g/kgH$_2$	0.111
	铜	g/kgH$_2$	0.331
	复合聚碳酸酯	g/kgH$_2$	0.110
	钢材	g/kgH$_2$	7.400

阶段	项目	单位	数值
运行阶段	水	g/kgH$_2$	9000
	电	kWh/kgH$_2$	60

数据来源：参考文献[47,48]。

4.1.2.3 影响评价

影响评价是生命周期评价法的核心内容，包括影响分类、特征化和量化评价三个部分。生命周期影响评价的模型分为问题导向型和损伤导向型两大类[56]。问题导向型模型用于分析产品或技术的环境影响，影响类型位于环境效应链的中间[56]。常用的问题导向型模型包括 CML 2001、TRACI 和 EDIP 模型等。损伤导向型模型侧重于分析产品或技术环境影响对人体健康、生态系统和资源可用性造成的损伤，影响类型位于环境效应链的终端[44,141]。常用的损伤导向型模型包括 Eco-indicator 99、ReCiPe 2016 和 Impact 2002+模型等。在上述模型中，CML 2001 模型的参数不确定性低，可以有效提高环境影响评价的准确性，实际应用最为广泛。因此，本书利用 CML 2001 模型对可再生能源发电侧储能技术的环境影响进行评价。

在 CML 2001 模型中，环境影响分为资源消耗、生态影响和人体健康三大类，其中，资源消耗包括矿产资源消耗和化石能源消耗；生态影响包括大气环境和水生环境，大气环境细分为全球变暖、酸化和臭氧层消耗、光化学烟雾等，水生环境细分为水体富营养化和水体生态毒性；人体健康主要包括人体毒性。

表 4-6　生命周期评价法中环境影响分类

影响类型	名称	缩写	单位
资源消耗	矿产资源消耗潜值	ADP elements	kg Sb eq.
	化石能源消耗潜值	ADP fossil	MJ

影响类型		名称	缩写	单位
生态影响	大气环境	全球变暖潜值	GWP	kg CO$_2$ eq.
		酸化潜值	AP	kg SO$_2$ eq.
		臭氧层消耗潜值	ODP	kg R$_{11}$ eq.
		光化学烟雾潜值	POCP	kg C$_2$H$_4$ eq.
	水生环境	水体富营养化潜值	EP	kg PO$_4$ eq.
		陆地生态毒性潜值	TETP	kg DCB eq.
		淡水生态毒性潜值	FAETP	kg DCB eq.
		海洋生态毒性潜值	MAETP	kg DCB eq.
人体健康		人类毒性潜值	HTP	kg DCB eq.

特征化是指利用当量模型或者负荷模型汇总和分析不同类型的环境影响。由于不同环境影响类型的量纲不同，无法直接进行比较。因此，本书利用 CML2001 模型对上述环境影响进行标准化，方法如下[142]：

$$N_i = \frac{C_i}{\beta_i} \qquad\qquad 式（4-1）$$

式（4-1）中：N_i 表示第 i 种环境影响类型的标准化值，C_i 表示第 i 种环境影响类型的特征化结果，β_i 表示第 i 种环境影响类型相应的基准值，如表 4-7 所示。

表 4-7　环境影响标准化基准值

环境影响类型	基准值	环境影响类型	基准值
ADP elements	3.610E+08	ADP fossil	3.800E+14
AP	2.390E+11	GWP	4.220E+13
ODP	2.270E+08	POCP	3.680E+10
HTP	2.580E+12	EP	1.580E+11
MAETP	1.950E+14	TETP	1.090E+12
FAETP	2.360E+12	–	–

数据来源：参考文献[142]。

4.1.2.4　结果解释

本书对可再生能源发电侧储能技术环境效益的结果解释围绕以下三个方面：

（1）分析不同可再生能源发电侧储能技术全生命周期大气特征物质的排放量，并以二氧化碳为例分析不同材料对二氧化碳排放的贡献，提出相应的减排建议。

（2）分析不同可再生能源发电侧储能技术全生命周期各个阶段的生态环境影响和资源消耗，比较各个阶段在生态环境影响和资源消耗上的差异，提出减少该差异的主要方法。

（3）研究主要材料投入量的变化对不同可再生能源发电侧储能技术环境效益的影响，提出降低可再生能源发电侧储能技术环境影响的建议及措施。

4.2　可再生能源发电侧储能技术的大气特征物质排放研究

本节利用生命周期评价法对可再生能源发电侧储能技术的大气特征物质排放进行研究，分析了各阶段大气特征物质的排放量以及不同材料的贡献，并对不同发电侧储能技术的大气特征物质排放量进行比较。可再生能源发电侧储能技术的大气特征排放物质包括常见温室气体和大气污染物，如二氧化碳（CO_2）、一氧化碳（CO）、氮氧化物（NO_x）、二氧化硫（SO_2）和颗粒物（PM）。

4.2.1　抽水蓄能技术的大气特征物质排放分析

（1）抽水蓄能技术的大气特征物质排放量计算。根据本书构建的可再生能源发电侧储能技术生命周期评价模型，抽水蓄能技术生命周期主要大气特征物质排放如表4-8所示。

表4-8 抽水蓄能主要大气特征物质排放量 单位：g/kWh

阶段	CO_2	CO	NO_X	SO_2	PM
生产阶段	4.535	0.013	0.010	0.008	0.009
建设阶段	3.715	0.008	0.011	0.007	0.004
运行阶段	0.004	0.000	0.000	0.000	0.000
退役阶段	1.691	0.019	0.004	0.001	0.000
排放总量	9.945	0.040	0.025	0.016	0.013

数据来源：笔者计算得出。

由表4-8可知，抽水蓄能技术主要大气特征物质的排放情况为：CO_2排放量9.945g/kWh，CO排放量0.040g/kWh，NO_X排放量0.025g/kWh，SO_2排放量0.016g/kWh，PM排放量0.013g/kWh。其中，排放量最高的大气特征物质首先是CO_2，其次是CO、NO_X和SO_2，PM的排放量最低。对于CO_2，首先生产阶段的排放量最高，占比45.601%，其次是建设阶段，占比为37.355%。对于CO，首先退役阶段的排放量最高，其次是生产阶段，建设和运行阶段的排放量较低，尤其是运行阶段基本不产生CO。对于NO_X、SO_2和PM，生产阶段和建设阶段的排放量最高，运行阶段排放量基本为零。

（2）不同材料对抽水蓄能技术大气特征物质排放量的贡献。由上述分析可知，抽水蓄能技术生命周期中CO_2排放量最高。因此，本书以CO_2为例分析了不同材料对抽水蓄能技术CO_2排放的贡献，结果如图4-3所示。

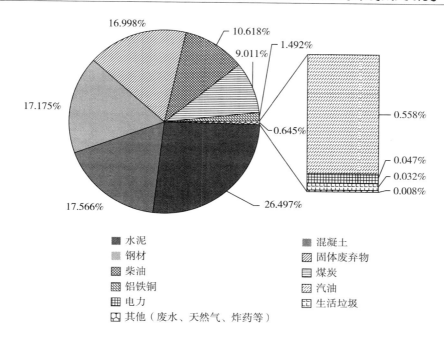

图4-3 不同材料对抽水蓄能 CO_2 排放的贡献

数据来源：笔者计算得出。

由图4-3可知，抽水蓄能技术生命周期中，首先水泥对 CO_2 排放贡献最大，为26.497%，其次是混凝土和钢材，贡献分别为17.566%和17.175%。这是因为抽水蓄能电站相关工程建设和输电建设需要消耗大量的水泥、混凝土和钢材，这些材料的生产和加工会排放大量 CO_2。柴油和煤炭对 CO_2 排放的贡献分别为10.618%和9.011%，汽油、电力和天然气等对 CO_2 排放的贡献较低，合贡献比约为0.645%。

4.2.2 压缩空气储能技术的大气特征物质排放分析

（1）压缩空气储能技术大气特征排放物质的排放量计算。根据本书构建的可再生能源发电侧储能技术生命周期评价模型，压缩空气储能技术生命周期主要大气特征物质排放如表4-9所示。

表4-9　压缩空气储能主要大气特征物质排放量　　单位：g/kWh

阶段	CO_2	CO	NO_X	SO_2	PM
生产阶段	1.265	0.007	0.002	0.002	0.001
建设阶段	0.279	0.001	0.000	0.000	0.000
运行阶段	5.636	0.066	0.027	0.026	0.009
退役阶段	0.001	0.000	0.000	0.000	0.000
排放总量	7.181	0.074	0.029	0.028	0.010

数据来源：笔者计算得出。

由表4-9可知，压缩空气储能技术主要大气特征物质的排放情况为：CO_2排放量7.181g/kWh，CO排放量0.074 g/kWh，NO_X排放量0.029g/kWh，SO_2排放量0.028g/kWh，PM排放量0.010g/kWh。其中，排放量最高的大气特征物质首先是CO_2，其次是CO、NO_X和SO_2，PM的排放量最低。大气特征物质排放量由高到低依次是运行阶段、生产阶段、建设阶段和退役阶段，其中，运行阶段的CO_2、CO、NO_X、SO_2和PM排放量分别占各自排放总量的78.485%、89.189%、93.103%、92.857%和90.000%。

（2）不同材料对压缩空气储能技术大气特征物质排放量的贡献。由图4-4可知，压缩空气储能技术生命周期中首先电力对CO_2排放的贡献最大，为78.456%，主要是因为压缩机、储气装置、膨胀机和发电机在生产阶段、建设阶段和运行阶段均需要消耗大量的电力，其次是钢材，贡献为20.197%。柴油和焦炭对CO_2排放的贡献分别为0.374%和0.170%，混凝土、塑料以及其他材料对CO_2排放的贡献较低，合贡献比约为0.296%。

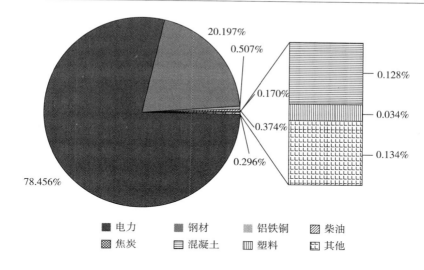

图 4-4   不同材料对压缩空气储能 CO_2 排放的贡献

数据来源：笔者计算得出。

4.2.3   磷酸铁锂电池储能技术的大气特征物质排放分析

（1）磷酸铁锂电池储能技术大气特征排放物质的排放量计算。根据本书构建的可再生能源发电侧储能技术生命周期评价模型，磷酸铁锂电池储能主要大气特征物质排放量如表 4-10 所示。

表 4-10   磷酸铁锂电池储能主要大气特征物质排放量　单位：g/kWh

阶段	CO_2	CO	NO_X	SO_2	PM
生产阶段	116.264	0.068	0.131	0.089	0.009
建设阶段	14.109	0.016	0.039	0.011	0.002
运行阶段	0.004	0.000	0.000	0.000	0.000
退役阶段	0.013	0.000	0.000	0.000	0.000
排放总量	130.390	0.084	0.170	0.100	0.011

数据来源：笔者计算得出。

由表 4-10 可知，磷酸铁锂电池储能技术主要大气特征物质的排放情况为：CO_2 排放量 130.390g/kWh，CO 排放量 0.084g/kWh，NO_X 排放量 0.170g/kWh，SO_2 排放量 0.100g/kWh，PM 排放量 0.011g/kWh。其中，排放量最高的大气特征物质首先是 CO_2，其次是 NO_X、SO_2 和 CO，PM 的排放量最低。对于这五种大气特征物质，生产阶段的排放量最高，分别占各自排放总量的 89.166%、80.952%、77.059%、89.000%、81.818%。对于 CO 和 NO_X，运行阶段的排放量最低，对于 SO_2 和 PM，退役阶段的排放量最低。

（2）不同材料对磷酸铁锂电池储能技术大气特征物质排放量的贡献。由图 4-5 可知，磷酸铁锂电池储能技术生命周期中首先丁苯橡胶对 CO_2 排放的贡献最大，为 53.977%，主要由于生产阶段对丁苯橡胶的需求量较大，而且丁苯橡胶的 CO_2 排放系数较大，其次是聚偏氟乙烯，贡献为 29.335%。磷酸铁锂和导电炭黑对 CO_2 排放的贡献分别为 3.053% 和 1.039%，这两种材料是磷酸铁锂电池主要的正负极材料。铜箔铝箔、电解质的 CO_2 排放量较低，对 CO_2 排放的贡献分别为 0.942% 和 0.602%。

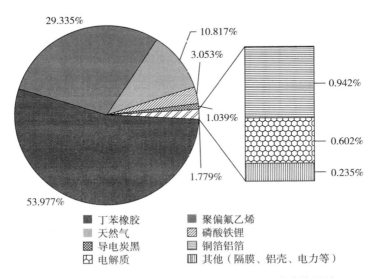

图 4-5　不同材料对磷酸铁锂电池储能 CO_2 排放的贡献

数据来源：笔者计算得出。

4.2.4　风电电解水制氢技术的大气特征物质排放分析

（1）风电电解水制氢技术大气特征排放物质的排放量计算。根据本书构建的可再生能源发电侧储能技术生命周期评价模型，风电电解水制氢技术生命周期主要大气特征物质排放如表 4-11 所示。

表 4-11　风电电解水制氢主要大气特征物质排放量　单位：g/KgH_2

阶段	CO_2	CO	NO_X	SO_2	PM
生产阶段	0.017	0.000	0.000	0.000	0.000
建设阶段	19.269	0.095	0.029	0.026	0.011
运行阶段	217.892	2.539	1.033	1.021	0.357
退役阶段	0.718	0.008	0.002	0.001	0.000
排放总量	237.896	2.642	1.064	1.048	0.368

数据来源：笔者计算得出。

由表 4-11 可知，风电电解水制氢技术主要大气特征物质的排放情况为：CO_2 排放量 237.896g/KgH_2，CO 排放量 2.642g/KgH_2，NO_X 排放量 1.064g/KgH_2，SO_2 排放量 1.048g/KgH_2，PM 排放量 0.368g/KgH_2。大气特征物质排放量由高到低依次是运行阶段、建设阶段、退役阶段和生产阶段，其中，运行阶段 CO_2、CO、NO_X、SO_2 和 PM 的排放量分别占各自排放总量的 91.591%、96.101%、97.086%、97.424%、97.011%。

（2）不同材料对风电电解水制氢技术大气特征物质排放量的贡献。由图 4-6 可知，风电电解水制氢技术生命周期中首先电力对 CO_2 排放贡献最大，为 91.300%，其次是钢材，贡献为 7.185%，铜铝的贡献为 0.494%，水、混凝土、活性炭等对 CO_2 排放的贡献较小，合贡献比为 0.720%。

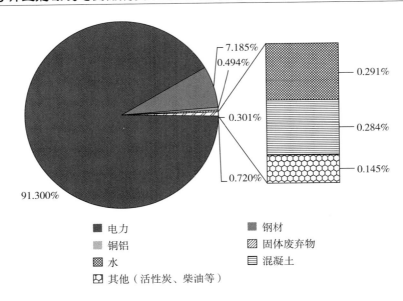

图 4-6　不同材料对风电电解水制氢 CO_2 排放的贡献

数据来源：笔者计算得出。

4.2.5　可再生能源发电侧储能技术的大气特征物质排放对比

根据上述可再生能源发电侧储能技术大气特征物质排放量的计算结果，本书对不同发电侧储能技术的大气特征物质排放量进行了分析对比，结果如表 4-12 所示。

表 4-12　储能技术主要大气特征物质排放对比

大气特征物质	抽水蓄能		压缩空气储能		磷酸铁锂电池储能		风电电解水制氢	
	g/kWh	g/MJ	g/kWh	g/MJ	g/kWh	g/MJ	g/kgH₂	g/MJ
CO_2	9.946	2.763	7.191	1.997	130.389	36.219	237.897	1.664
CO	0.040	0.011	0.074	0.021	0.085	0.023	2.642	0.018
NO_X	0.025	0.007	0.029	0.008	0.170	0.047	1.064	0.007
SO_2	0.016	0.004	0.028	0.008	0.100	0.028	1.047	0.007

续表

大气特征物质	抽水蓄能		压缩空气储能		磷酸铁锂电池储能		风电电解水制氢	
	g/kWh	g/MJ	g/kWh	g/MJ	g/kWh	g/MJ	g/kgH$_2$	g/MJ
PM	0.013	0.004	0.010	0.003	0.011	0.003	0.368	0.003
排放总量	10.040	2.789	7.332	2.037	130.755	36.320	243.018	1.699

数据来源：笔者计算得出。

从大气特征物质排放总量来看，由高到低依次是磷酸铁锂电池储能、抽水蓄能、压缩空气储能和风电电解水制氢。磷酸铁锂电池储能的大气特征物质排放总量最高，为 36.219g/MJ，其中 CO_2、NO_x 和 SO_2 三种大气特征物质的排放量均高于其他三种储能技术，这主要是由于电池生产制造过程中使用的金属材料和矿产资源较多，而且消耗了大量电力，产生较多的温室气体和污染物。抽水蓄能的大气特征物质排放总量为 2.789g/MJ，压缩空气储能的大气特征物质排放总量为 2.037g/MJ，抽水蓄能的 CO_2 和 PM 排放均高于压缩空气储能。风电电解水制氢的大气特征物质排放总量最低，为 1.699g/MJ，是四种储能技术中最低碳清洁的技术。

本书对比分析了四种发电侧储能技术生产阶段、建设阶段、运行阶段和退役阶段的 CO_2 排放量以及 CO_2 排放总量，结果如图 4-7 所示。

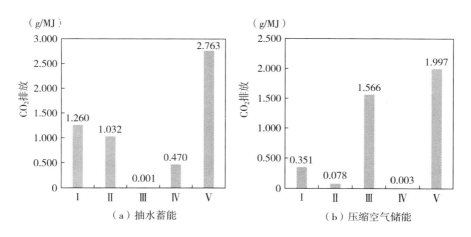

图 4-7 储能技术生命周期各阶段的 CO_2 排放

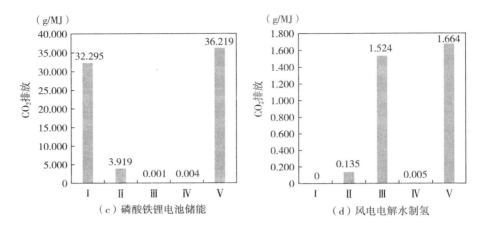

$$\text{图 4-7 \quad 储能技术生命周期各阶段的 } CO_2 \text{ 排放（续）}$$

注：Ⅰ-生产阶段；Ⅱ-建设阶段；Ⅲ-运行阶段；Ⅳ-退役阶段；Ⅴ-全生命周期。

数据来源：笔者计算得出。

由图 4-7 可知，CO_2 排放总量由高到低依次是磷酸铁锂电池储能、抽水蓄能、压缩空气储能和风电电解水制氢。

抽水蓄能技术的 CO_2 排放总量为 2.763g/MJ，首先生产阶段的 CO_2 排放量最高，占 CO_2 排放总量的 45.603%，其次是建设阶段，占比为 37.351%。这是由于电站生产和建设过程中需要消耗大量的水泥、钢材、柴油和煤炭，这些材料和能源的提取、加工会排放大量 CO_2。电站运行过程中对材料和能源的消耗较少，仅需要工作人员进行日常的维护和检修，运行阶段的 CO_2 排放基本为零。

压缩空气储能技术的 CO_2 排放总量为 1.997g/MJ，首先运行阶段的 CO_2 排放量最高，占比达 78.418%；其次是生产阶段，占比 17.576%。运行阶段 CO_2 排放量高的原因是该阶段消耗了大量电力，风电的平均 CO_2 排放量为 3.62g/kWh[138]。生产阶段 CO_2 的排放是由于钢材的大量消耗引起的。

磷酸铁锂电池储能技术的 CO_2 排放总量为 36.219g/MJ，生产阶段的

CO_2 排放量最高，占比为 89.166%，这是因为生产阶段需要消耗大量的材料，如磷酸铁锂、导电炭黑、铜箔、聚偏氟乙烯和丁苯橡胶，这些原料的获取和加工会排放大量的 CO_2。运行阶段和退役阶段的 CO_2 排放量较低，尤其是运行阶段，CO_2 排放量基本为零。

风电电解水制氢技术的 CO_2 排放总量为 1.664g/MJ，运行阶段的 CO_2 排放量最高，占排放总量的 91.587%，这是因为电解水过程中需要消耗大量的风电，而且电解前需要对水进行去离子化处理，这些过程均会排放 CO_2，其次是建设阶段，CO_2 排放量占排放总量的 8.113%，主要是因为电力配备设备、电解装置和处理装置的建设需要消耗大量的钢材。

以上研究结果为降低可再生能源发电侧储能技术的 CO_2 排放提供了思路。压缩空气储能和风电电解水制氢的 CO_2 排放主要发生在运行阶段，可以采取提高储能设备的能源利用率、加强尾气处理等措施。抽水蓄能和磷酸铁锂电池储能的 CO_2 排放主要发生在生产阶段，可以采用绿色环保替代材料或低能耗的生产设备等。另外，可再生能源发电企业可以分类型、分梯级开展废旧金属材料和电池的回收，优化传统回收工艺，加强材料的二次利用。

4.3 可再生能源发电侧储能技术的生态环境影响研究

本节采用 CML2001 模型对可再生能源发电侧储能技术生命周期各阶段的生态环境影响进行特征化和标准化处理，并对不同发电侧储能技术的生态环境影响进行比较。

4.3.1 抽水蓄能技术的生态环境影响分析

（1）抽水蓄能技术生命周期各阶段对生态环境影响的贡献。根据本书构建的可再生能源发电侧储能技术生命周期评价模型，抽水蓄能技术生命周期各阶段的生态环境影响如图 4-8 所示。

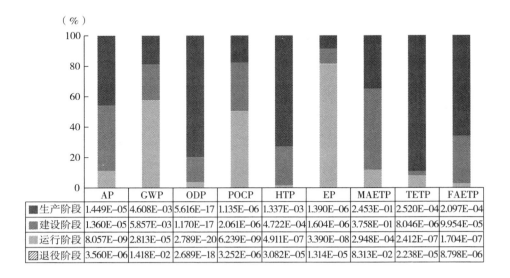

（%）	AP	GWP	ODP	POCP	HTP	EP	MAETP	TETP	FAETP
■ 生产阶段	1.449E-05	4.608E-03	5.616E-17	1.135E-06	1.337E-03	1.390E-06	2.453E-01	2.520E-04	2.097E-04
■ 建设阶段	1.360E-05	5.857E-03	1.170E-17	2.061E-06	4.722E-04	1.604E-06	3.758E-01	8.046E-06	9.954E-05
■ 运行阶段	8.057E-09	2.813E-05	2.789E-20	6.239E-09	4.911E-07	3.390E-08	2.948E-04	2.412E-07	1.704E-07
▨ 退役阶段	3.560E-06	1.418E-02	2.689E-18	3.252E-06	3.082E-05	1.314E-05	8.313E-02	2.238E-05	8.798E-06

图 4-8　抽水蓄能技术生命周期各阶段生态环境影响

数据来源：笔者计算得出。

　　在大气环境方面，抽水蓄能的 AP 主要发生在生产阶段和建设阶段，这是因为抽水蓄能电站及相关工程的建设需要消耗大量的钢材和水泥，这些材料在生产加工过程中会排放大量的氮氧化物和二氧化硫。GWP 主要发生在运行阶段，这是因为该阶段废水、生活垃圾以及其他固体废弃物的处理会排放大量的温室气体。在水生环境方面，EP 主要发生在运行阶段，这是由废水、生活垃圾和其他固体废弃物的处理引起的。TETP 和 FAETP 主要发生在生产阶段，这是因为铝、铁、铜、水泥和钢材的生产加工会对陆地生态和淡水生态产生不利的影响。在人体健康方面，HTP 主要发生在生产阶段和建设阶段。

　　（2）抽水蓄能技术各类生态环境影响标准化结果对比。本书对抽水蓄能技术生态环境影响特征化的结果进行标准化，结果如表 4-13 所示。

表 4-13　抽水蓄能技术的生态环境影响标准化结果

影响类型	生产阶段	建设阶段	运行阶段	退役阶段	总量
AP	6.063E-17	5.692E-17	3.371E-20	1.490E-17	1.325E-16
GWP	1.092E-16	1.388E-16	6.665E-19	3.361E-16	5.848E-16
ODP	2.474E-25	5.154E-26	1.229E-28	1.185E-26	3.109E-25
POCP	3.085E-17	5.602E-17	1.696E-19	8.838E-17	1.754E-16
HTP	5.180E-16	1.830E-16	1.903E-19	1.195E-17	7.132E-16
EP	8.796E-18	1.015E-17	2.145E-19	8.315E-17	1.023E-16
MAETP	1.258E-15	1.927E-15	1.512E-18	4.263E-16	3.613E-15
TETP	2.312E-16	7.382E-18	2.213E-19	2.053E-17	2.593E-16
FAETP	8.886E-17	4.218E-17	7.220E-20	3.728E-18	1.348E-16

数据来源：笔者计算得出。

由表 4-13 可知，抽水蓄能技术的生态环境影响由高到低依次是 MAETP、HTP、GWP、TETP、POCP、FAETP、AP、EP 和 ODP。MAETP 的总量最高，原因是抽水蓄能电站生命周期中需要消耗大量的钢材，钢材的使用对 MAETP 影响最大[142]。抽水蓄能电站在开挖、回填土石方以及相关工程建设中会排放大量的温室气体，而且抽水蓄能电站退役阶段废水和固体废弃物的处理也会排放大量的温室气体，因此，GWP 的总量也较高。

4.3.2　压缩空气储能技术的生态环境影响分析

（1）压缩空气储能技术生命周期各阶段对生态环境影响的贡献。根据本书构建的可再生能源发电侧储能技术生命周期评价模型，压缩空气储能技术生命周期各阶段的生态环境影响如图 4-9 所示。

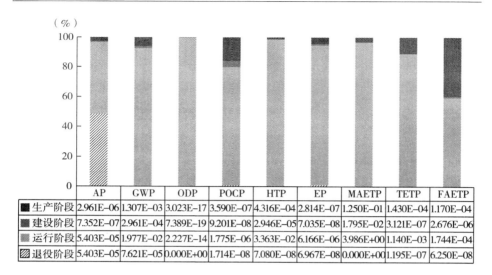

	AP	GWP	ODP	POCP	HTP	EP	MAETP	TETP	FAETP
■ 生产阶段	2.961E−06	1.307E−03	3.023E−17	3.590E−07	4.316E−04	2.814E−07	1.250E−01	1.430E−04	1.170E−04
■ 建设阶段	7.352E−07	2.961E−04	7.389E−19	9.201E−08	2.946E−05	7.035E−08	1.795E−02	3.121E−07	2.676E−06
▨ 运行阶段	5.403E−05	1.977E−02	2.227E−14	1.775E−06	3.363E−02	6.166E−06	3.986E+00	1.140E−03	1.744E−04
▨ 退役阶段	5.403E−05	7.621E−05	0.000E+00	1.714E−08	7.080E−05	6.967E−08	0.000E+00	1.195E−07	6.250E−08

图 4−9　压缩空气储能技术生命周期各阶段生态环境影响

数据来源：笔者计算得出。

　　压缩空气储能技术的大气环境影响、水生环境影响和人体健康影响首先主要发生在运行阶段，运行阶段的 AP、GWP、ODP、POCP、HTP、EP、MAETP、TETP 和 FAETP 分别占各类生态环境影响总量的 48.346%、92.172%、99.861%、79.131%、98.647%、93.602%、96.538%、88.821% 和 59.288%，主要是由于运行阶段对电力的大量消耗，其次是生产阶段，建设阶段和退役阶段带来的生态环境影响很小。

　　（2）压缩空气储能技术各类生态环境影响标准化结果对比。本书对压缩空气储能技术生态环境影响特征化的结果进行标准化，结果如表 4−14 所示。

表 4−14　压缩空气储能技术生态环境影响标准化结果

环境影响	生产阶段	建设阶段	运行阶段	退役阶段	总量
AP	1.239E−17	3.076E−18	2.261E−16	2.261E−16	4.676E−16
GWP	3.097E−17	7.016E−18	4.686E−16	1.806E−18	5.084E−16

续表

环境影响	生产阶段	建设阶段	运行阶段	退役阶段	总量
ODP	1.332E-25	3.255E-27	9.808E-23	0.000E+00	9.822E-23
POCP	9.754E-18	2.500E-18	4.823E-17	4.657E-19	6.095E-17
HTP	1.673E-16	1.142E-17	1.304E-14	2.744E-20	1.321E-14
EP	1.781E-18	4.453E-19	3.902E-17	4.409E-19	4.169E-17
MAETP	6.410E-16	9.203E-17	2.044E-14	0.000E+00	2.117E-14
TETP	1.312E-16	2.863E-19	1.046E-15	1.096E-19	1.177E-15
FAETP	4.958E-17	1.134E-18	7.389E-17	2.648E-20	1.246E-16

数据来源：笔者计算得出。

　　由表 4-14 可知，压缩空气储能技术的生态环境影响由高到低依次是
MAETP、HTP、TETP、GWP、AP、FAETP、POCP、EP 和 ODP。MAETP 的
总量最高，这是由钢材的大量使用引起的。因此，适当减少钢铁的使用量或
寻求可替代性的材料，可以有效降低压缩空气储能的 MAETP。根据前文的分
析，运行阶段对压缩空气储能技术生态环境影响的贡献最大，运行阶段生态
环境影响前三位的是 HTP、MAETP 和 TETP。

4.3.3　磷酸铁锂电池储能技术的生态环境影响分析

　　（1）磷酸铁锂电池储能技术生命周期各阶段对生态环境影响的贡献。根
据本书构建的可再生能源发电侧储能技术生命周期评价模型，磷酸铁锂电池
储能技术生命周期各阶段的生态环境影响如图 4-10 所示。

　　磷酸铁锂电池储能的大气环境影响、水生环境影响和人体健康影响首先
主要发生在生产阶段，AP、GWP、ODP、POCP、HTP、EP、MAETP、TETP
和 FAETP 分别占各类生态环境影响总量的 84.556%、86.295%、99.999%、
85.468%、91.495%、81.237%、96.440%、95.720% 和 94.361%。这是因为
生产阶段需要消耗丁苯橡胶、磷酸铁锂、铜箔、铝箔等材料，这些材料的上
游生产涉及大量原生矿物的开采和提取，同时需要大量的辅助原料和各种化

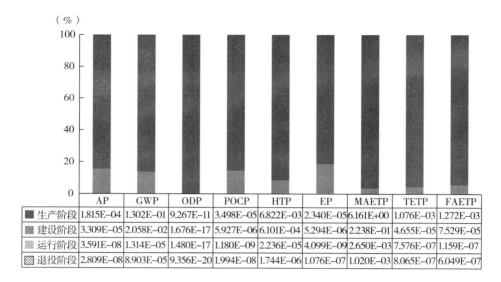

	AP	GWP	ODP	POCP	HTP	EP	MAETP	TETP	FAETP
■ 生产阶段	1.815E-04	1.302E-01	9.267E-11	3.498E-05	6.822E-03	2.340E-05	6.161E+00	1.076E-03	1.272E-03
▨ 建设阶段	3.309E-05	2.058E-02	1.676E-17	5.927E-06	6.101E-04	5.294E-06	2.238E-01	4.655E-05	7.529E-05
▨ 运行阶段	3.591E-08	1.314E-05	1.480E-17	1.180E-09	2.236E-05	4.099E-09	2.650E-03	7.576E-07	1.159E-07
▨ 退役阶段	2.809E-08	8.903E-05	9.356E-20	1.994E-08	1.744E-06	1.076E-07	1.020E-03	8.065E-07	6.049E-07

图 4-10　磷酸铁锂电池储能技术生命周期各阶段生态环境影响

数据来源：笔者计算得出。

石能源。其次是建设阶段，建设阶段主要消耗了大量天然气、电力和水。

（2）磷酸铁锂电池储能技术各类生态环境影响标准化结果对比。本书对磷酸铁锂电池储能技术生态环境影响特征化的结果进行标准化，结果如表4-15所示。

表 4-15　磷酸铁锂电池储能技术生态环境影响标准化结果

影响类型	生产阶段	建设阶段	运行阶段	退役阶段	总量
AP	7.596E-16	1.385E-16	1.503E-19	1.175E-19	8.983E-16
GWP	3.086E-15	4.877E-16	3.115E-19	2.110E-18	3.576E-15
ODP	4.083E-19	7.381E-26	6.520E-26	4.122E-28	4.083E-19
POCP	9.506E-16	1.611E-16	3.206E-20	5.419E-19	1.112E-15
HTP	2.644E-15	2.365E-16	8.665E-18	6.759E-19	2.890E-15
EP	1.481E-16	3.350E-17	2.594E-20	6.811E-19	1.823E-16
MAETP	3.159E-14	1.148E-15	1.359E-17	5.233E-18	3.276E-14

续表

影响类型	生产阶段	建设阶段	运行阶段	退役阶段	总量
TETP	9.872E-16	4.271E-17	6.951E-19	7.399E-19	1.031E-15
FAETP	5.390E-16	3.190E-17	4.912E-20	2.563E-19	5.712E-16

数据来源：笔者计算得出。

由表 4-15 可知，磷酸铁锂电池储能技术的生态环境影响由高到低依次是 MAETP、GWP、HTP、POCP、TETP、AP、FAETP、EP 和 ODP。根据前面的分析，生产阶段对磷酸铁锂电池储能技术生态环境影响的贡献最大，生产阶段生态环境影响前三位的是 GWP、HTP 和 MAETP。

4.3.4 风电电解水制氢技术的生态环境影响分析

（1）风电电解水制氢技术生命周期各阶段对生态环境影响的贡献。根据本书构建的可再生能源发电侧储能技术生命周期评价模型，风电电解水制氢技术生命周期各阶段的生态环境影响如图 4-11 所示。

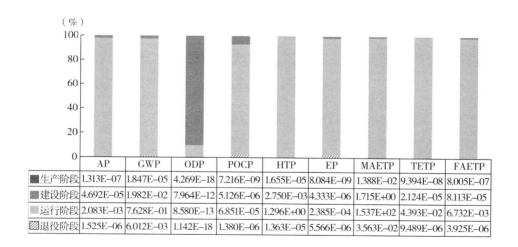

	AP	GWP	ODP	POCP	HTP	EP	MAETP	TETP	FAETP
生产阶段	1.313E-07	1.847E-05	4.269E-18	7.216E-09	1.655E-05	8.084E-09	1.388E-02	9.394E-08	8.005E-07
建设阶段	4.692E-05	1.982E-02	7.964E-12	5.126E-06	2.750E-03	4.333E-06	1.715E+00	2.124E-05	8.113E-05
运行阶段	2.083E-03	7.628E-01	8.580E-13	6.851E-05	1.296E+00	2.385E-04	1.537E+02	4.393E-02	6.732E-03
退役阶段	1.525E-06	6.012E-03	1.142E-18	1.380E-06	1.363E-05	5.566E-06	3.563E-02	9.489E-06	3.925E-06

图 4-11 风电电解水制氢技术生命周期各阶段生态环境影响

数据来源：笔者计算得出。

风电电解水制氢技术的生态环境影响主要发生在运行阶段，运行阶段的 AP、GWP、POCP、HTP、EP、MAETP、TETP 和 FAETP 分别占各类生态环境影响总量的 97.721%、96.722%、91.318%、99.786%、96.012%、98.865%、99.930% 和 98.741%，这是因为电解水子系统在运行阶段需要消耗大量的电力和水，而且在进行电解反应时，需要对水进行去离子化处理。ODP 主要发生在建设阶段，建设阶段的 ODP 占 ODP 总量的 90.275%。

（2）风电电解水制氢技术各类生态环境影响标准化结果对比。本书对风电电解水制氢技术生态环境影响特征化的结果进行标准化，结果如表 4-16 所示。

表 4-16   风电电解水制氢技术生态环境影响标准化结果

影响类型	生产阶段	建设阶段	运行阶段	退役阶段	总量
AP	5.493E-19	1.963E-16	8.716E-15	6.380E-18	8.920E-15
GWP	4.376E-19	4.698E-16	1.808E-14	1.425E-16	1.869E-14
ODP	1.881E-26	3.509E-20	3.780E-21	5.030E-27	3.886E-20
POCP	1.961E-19	1.393E-16	1.862E-15	3.750E-17	2.039E-15
HTP	6.415E-18	1.066E-15	5.023E-13	5.284E-18	5.034E-13
EP	5.116E-20	2.742E-17	1.510E-15	3.523E-17	1.572E-15
MAETP	7.116E-17	8.796E-15	7.880E-13	1.827E-16	7.970E-13
TETP	8.618E-20	1.948E-17	4.030E-14	8.706E-18	4.033E-14
FAETP	3.392E-19	3.438E-17	2.853E-15	1.663E-18	2.889E-15

数据来源：笔者计算得出。

由表 4-16 可知，风电电解水制氢技术的生态环境影响由高到低依次是 MAETP、HTP、TETP、GWP、AP、FAETP、POCP、EP 和 ODP。根据前文的分析，运行阶段对风电电解水制氢技术生态环境影响的贡献最大，运行阶段生态环境影响前三位的是 HTP、MAETP 和 TETP。

4.3.5 可再生能源发电侧储能技术的生态环境影响对比

根据抽水蓄能、压缩空气储能、磷酸铁锂电池储能和风电电解水制氢四种可再生能源发电侧储能技术的生态环境影响评价结果，本书对以上四种可再生能源发电侧储能技术的生态环境影响进行了分析对比，结果如图4-12所示。

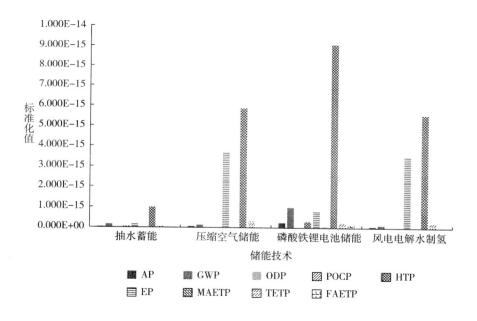

图4-12 储能技术生态环境影响标准化结果对比

数据来源：笔者计算得出。

从生态环境影响总量来看，由高到低依次是磷酸铁锂电池储能、压缩空气储能、风电电解水制氢和抽水蓄能。在大气环境方面，磷酸铁锂电池储能的 AP、GWP 和 POCP 均高于其他三种储能技术，这是因为磷酸铁锂电池生命周期中需要消耗大量的金属材料、磷酸铁锂、聚偏氟乙烯和天然气等，这些原料的获取、生产、加工会排放大量的大气污染物，而且生产阶段投入的钢、铜、铝等材料在回收过程中会排放大量的氮氧化物、二氧化硫等，这两类气体是导致酸化影响的主要气体。在人体健康影响方面，首先压缩空气储能的 HTP 最大，其次是风电电解水制氢，抽水蓄能对人体健康影响最小。在水生环境影响方面，除 TETP 外，磷酸铁锂电池储能的 EP、MAETP、FAETP 均高于其他三种储能技术。

4.4　可再生能源发电侧储能技术的资源消耗研究

为了研究可再生能源发电侧储能技术对各种金属、非金属等矿产资源的消耗以及对煤、石油、天然气等化石能源的消耗，本书对不同发电侧储能技术的矿产资源消耗潜值（ADP elements）和化石能源消耗潜值（ADP fossil）进行了计算（见图 4-13、表 4-17）。

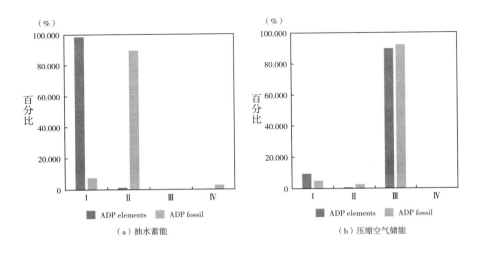

图 4-13　储能技术生命周期各阶段的资源消耗贡献

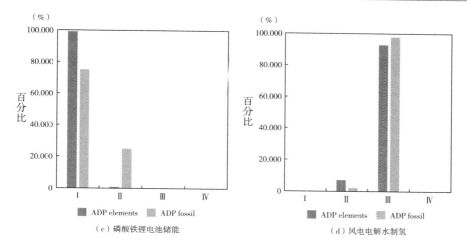

（c）磷酸铁锂电池储能　　　　　　　　（d）风电电解水制氢

图 4-13　储能技术生命周期各阶段的资源消耗贡献（续）

注：Ⅰ-生产阶段；Ⅱ-建设阶段；Ⅲ-运行阶段；Ⅳ-退役阶段。

数据来源：笔者计算得出。

表 4-17　储能技术生命周期各阶段资源消耗标准化结果

储能技术	资源消耗	生产阶段	建设阶段	运行阶段	退役阶段	总量
抽水蓄能	ADP elements	5.655E-16	7.860E-18	2.870E-21	4.463E-19	5.738E-16
	ADP fossil	8.923E-17	1.053E-15	7.649E-20	3.303E-17	1.175E-15
压缩空气储能	ADP elements	1.694E-16	1.232E-17	1.609E-15	8.321E-23	1.790E-15
	ADP fossil	3.289E-17	1.755E-17	6.064E-16	2.279E-19	6.571E-16
磷酸铁锂电池储能	ADP elements	4.090E-15	3.248E-17	1.069E-18	9.868E-21	4.123E-15
	ADP fossil	1.103E-14	3.661E-15	4.031E-19	3.889E-19	1.469E-14
风电电解水制氢	ADP elements	5.672E-17	4.677E-15	6.200E-14	1.915E-19	6.673E-14
	ADP fossil	5.441E-19	5.011E-16	2.339E-14	1.488E-17	2.391E-14

数据来源：笔者计算得出。

　　抽水蓄能生产阶段的资源消耗量最高，运行阶段的资源消耗量最低。磷酸铁锂电池储能生产阶段的资源消耗量最高，退役阶段的资源消耗量最低。抽水蓄能和磷酸铁锂电池储能生命周期中化石能源消耗量高于矿产资源消耗量。对于压缩空气储能和风电电解水制氢，运行阶段的资源消耗量最高，退役阶段的资源消耗量最低。压缩空气储能和风电电解水制氢生命周期中矿产资源消耗量高于化石能源消耗量。

　　资源消耗总量由高到低依次是风电电解水制氢、磷酸铁锂电池储能、压缩空气储能和抽水蓄能。从矿产资源消耗来看，风电电解水制氢的矿产资源消耗量最高，抽水蓄能的矿产资源消耗量最低。从化石能源消耗来看，风电电解水制氢的化石能源消耗量最高，压缩空气储能的化石能源消耗量最低。

4.5　可再生能源发电侧储能技术环境效益的敏感性分析

　　敏感性分析是用于解决不确定性问题的一种系统分析方法。为了研究不同材料对发电侧储能技术环境效益的影响程度，本书进行了敏感性分析。当主要材料的投入量增加10%时，抽水蓄能、压缩空气储能、磷酸铁锂电池储能和风电电解水制氢的环境效益变化分别如下：

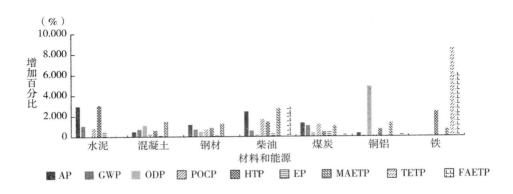

图 4-14　抽水蓄能环境效益的敏感性分析

数据来源：笔者计算得出。

由图 4-14 可以看出，对抽水蓄能环境效益的影响由高到低的材料依次是铁、柴油、水泥、铜铝、煤炭、钢材和混凝土。当各种材料的投入量变化相同时，铁投入量变化带来的 TETP 和 FAETP 百分比变化最大，分别增加了 8.624% 和 6.177%。柴油投入量变化带来的 POCP 和 MAETP 百分比变化最大，分别增加了 1.699% 和 2.772%。水泥投入量变化带来的 AP、GWP、HTP 和 EP 百分比变化最大，分别增加了 2.963%、1.069%、3.059% 和 0.579%。铜铝投入量变化带来的 ODP 百分比变化最大，增加了 4.865%。

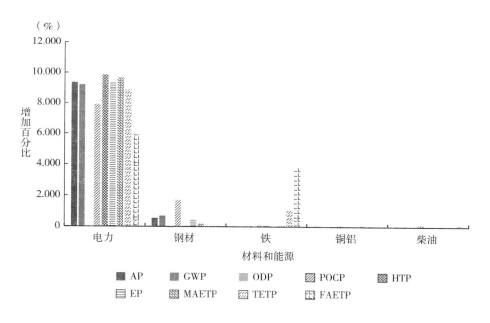

图 4-15　压缩空气储能环境效益的敏感性分析

数据来源：笔者计算得出。

由图 4-15 可以看出，对压缩空气储能环境效益的影响由高到低的材料依次是电力、铁、钢材、柴油和铜铝。当各种材料的投入量变化相同时，电力投入量变化带来的 AP、GWP、POCP、HTP、EP、MAETP、TETP 和 FAE-

TP 百分比变化最大，分别增加了 9.366%、9.226%、7.920%、9.874%、9.369%、9.664%、8.890% 和 5.934%。因此，电力是引起压缩空气储能多种生态环境影响的关键因素。

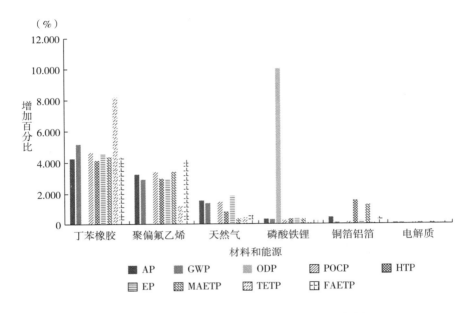

图 4-16　磷酸铁锂电池储能环境效益的敏感性分析

数据来源：笔者计算得出。

由图 4-16 可以看出，对磷酸铁锂电池储能环境效益的影响由高到低的材料依次是丁苯橡胶、聚偏氟乙烯、磷酸铁锂、天然气、铜箔铝箔和电解质。当各种材料的投入量变化相同时，丁苯橡胶投入量变化带来的 AP、GWP、POCP、HTP、EP、MAETP、TETP 和 FAETP 百分比变化最大，分别增加了 4.252%、5.170%、4.654%、4.138%、4.612%、4.351%、8.189% 和 4.332%。磷酸铁锂投入量变化带来的 ODP 百分比变化最大，增加了 10.000%。

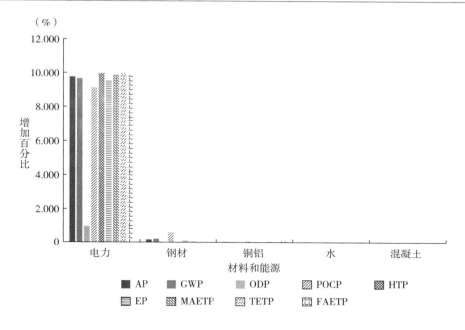

图 4-17　风电电解水制氢环境效益的敏感性分析

数据来源：笔者计算得出。

由图 4-17 可以看出，对风电电解水制氢环境效益的影响由高到低的材料依次是电力、钢材、铜铝、水和混凝土。当各种材料的投入量变化相同时，电力投入量变化带来的 AP、GWP、ODP、POCP、HTP、EP、MAETP、TETP 和 FAETP 百分比变化最大，分别增加了 9.766%、9.662%、0.973%、9.117%、9.978%、9.564%、9.883%、9.991% 和 9.856%。因此，电力是引起风电电解水制氢多种生态环境影响的关键因素。

综上分析可知，抽水蓄能技术环境效益最敏感的材料是铁、柴油和水泥，磷酸铁锂电池储能技术环境效益最敏感的材料是丁苯橡胶、聚偏氟乙烯和磷酸铁锂，压缩空气储能和风电电解水制氢技术环境效益最敏感的是电力。因此，为了降低可再生能源发电侧储能技术生命周期的环境影响，需要重点关注和降低这些高敏感度材料的使用量，同时积极寻找环保替代材料。

4.6　本章小结

本章对可再生能源发电侧储能技术的环境效益进行了研究。首先，介绍了生命周期评价法的基本框架，构建了可再生能源发电侧储能技术的生命周期评价模型，建立了抽水蓄能、压缩空气储能、磷酸铁锂电池储能和风电电解水制氢的生命周期清单。其次，对不同发电侧储能技术的大气特征物质排放量、生态环境影响和资源消耗量进行分析和比较。最后，研究了不同材料和生产阶段对发电侧储能技术大气特征物质排放量和生态环境影响的贡献以及主要材料投入量的变化对环境效益的影响。

第5章 可再生能源发电侧储能技术的投资风险研究

可再生能源发电侧储能由于投资金额大、建设周期长、技术更新迭代快以及市场环境的复杂变化等，其投资决策面临着众多的风险因素，对可再生能源发电侧储能的发展产生了不利的影响。为了尽可能降低可再生能源发电侧储能技术的投资风险，有必要对这些风险因素进行分析识别，对投资风险进行定量评价，为可再生能源发电侧储能的发展提供新的动力。因此，基于2.2.3节中可再生能源发电侧储能技术投资风险的理论分析，本章对可再生能源发电侧储能技术的投资风险进行评价，有助于提高决策者的风险管理水平，降低可再生能源发电侧储能技术的投资风险。

5.1 可再生能源发电侧储能技术的投资风险因素

本节分别对可再生能源发电侧储能建设前期、建设阶段和运行维护阶段的风险因素进行了分析，在此基础上构建了可再生能源发电侧储能技术投资风险评价指标体系。

5.1.1 可再生能源发电侧储能技术的投资风险因素分析

（1）建设前期风险。可再生能源发电侧储能建设前期面临的风险主要包括经济风险、技术风险、市场风险和政策风险（见图5-1）。其中，经济风险主要来源于融资模式和通货膨胀。可再生能源发电侧储能建设规模较大、建设周期较长，往往需要进行大规模融资，融资风险主要体现在融资模式的选择。通货膨胀会增加预期收益的不确定性，进而影响决策者的投资意愿。技术风险主要来源于规划设计。可再生能源发电侧储能系统主要包含可再生能源发电系统、储能系统、信息采集与控制系统、能量管理系统，涉及众多的工艺及设备。因此，规划设计单位资料收集是否充分、准确，方案是否符合相关的设计规范，均是决策者需要考虑的风险因素。在可再生能源发电侧储能建设前期，还需要考虑该地区是否具备可再生能源发电系统和储能系统布局的条件。政策风险包括国家法律法规和行业规划。由于可再生能源发电侧储能技术处于发展初期，相关的法律法规、行业规划尚不明确，而且处于不断地更新完善中，增加了可再生能源发电侧储能技术的投资风险。

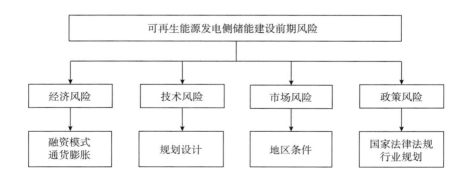

图5-1　可再生能源发电侧储能建设前期风险

（2）建设阶段风险。可再生能源发电侧储能建设阶段面临的风险主要包括经济风险、技术风险、环境风险、管理风险和政策风险。其中，经济风险主要来源于材料价格调整、施工人工费调整、设备价格调整和资金供给。技术风险主要来源于技术方案选择、设计变更和施工技术协调，这些因素均会导致项目进度延误，甚至整个工期延误。环境风险主要来源于生态资源破坏，可再生能源发电侧储能建设过程中会排放废气、废液和废渣，对周围的生态环境带来不利的影响。管理风险来源于安全管理、质量管理和进度管理。政策风险主要指银行贷款政策的调整（见图5-2）。

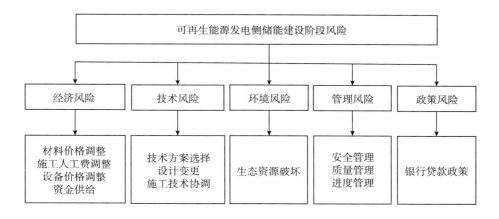

图 5-2　可再生能源发电侧储能建设阶段风险

（3）运行维护阶段风险。可再生能源发电侧储能运行维护阶段面临的风险主要包括经济风险、技术风险、环境风险、管理风险、市场风险和政策风险。其中，经济风险主要来源于电价波动、盈利能力和运行维护成本等。目前，可再生能源发电侧储能成本较高、运营期较长，运行阶段涉及的维护成本占比较高。技术风险主要来源于设备维护、技术进步和安全可靠性。发电侧储能技术更新较快，现有技术的进步和新技术的出现会给储能项目带来较大的影响。环境风险主要来源于可再生资源不确定性、不可抗力和气候条件。

风、光等可再生资源本身具有随机性、间歇性和波动性，气候条件不仅会对风、光等可再生资源产生干扰，还会影响发电系统设备的正常运行。管理风险包括财务管理、人员管理和运维管理。市场风险包括可再生能源市场变化、电力需求和市场准入，这三种风险均会影响储能技术的投资收益。政策风险包括政府补贴、绿色电力证书、财税政策和环保政策（见图5-3）。近年来，为了推动发电侧储能技术的发展，各地政府出台了一系列政策，但关于储能技术的补贴方式、补贴力度尚不详细，而且未来的政策可能会发生变化，这些变化往往难以控制和预测。

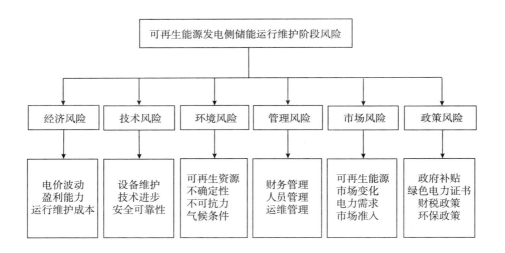

图5-3　可再生能源发电侧储能运行维护阶段风险

5.1.2　可再生能源发电侧储能技术投资风险评价指标体系构建

根据5.1.1节中可再生能源发电侧储能建设前期、建设阶段和运行维护阶段风险因素的分析，结合科学性、系统性和可操作性的原则，本书构建了可再生能源发电侧储能技术投资风险评价指标体系，如图5-4所示。

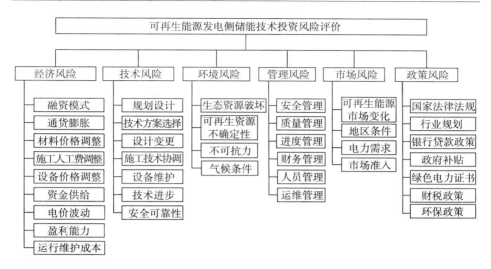

图 5-4　可再生能源发电侧储能技术投资风险评价指标体系

5.2　可再生能源发电侧储能技术投资风险评价模型构建

本节对可再生能源发电侧储能技术投资风险的评价方法进行了介绍，构建了可再生能源发电侧储能技术投资风险评价模型。

5.2.1　可再生能源发电侧储能技术投资风险评价方法的确定

（1）方法选择的依据。目前，能源环境系统中风险评价的方法主要分为三类：定性评价法、定量评价法和综合评价法。定性评价法包括故障树法、专家打分法；定量评价法包括蒙特卡罗法、系统动力学模型、神经网络模型和多准则决策法等；综合评价法包括模糊综合评价法和模糊多准则决策法等[58,143]。在这些方法中，定性评价法易于理解，但存在主观偏差大的缺点；定量评价法计算烦琐，评价过程复杂；综合评价法通过将不同的方法进行组合，有效提高了评价结果的准确性。

在可再生能源发电侧储能技术的投资风险评价中，往往存在一些不易定量表示的变量，增加了风险评价的复杂性和不确定性。模糊综合评价法是建立在模糊集理论上的一种综合评价方法，用数理逻辑表达和定义模糊变量，将不易定量表示的因素进行量化处理，有效解决了风险评价过程中的不确定性问题[60,144]。因此，本书采用模糊综合评价法对可再生能源发电侧储能技术的投资风险进行评价。

（2）模糊综合评价法。模糊综合评价法的基本原理是首先确定被评价对象的因素集和评价集，其次确定评价指标的隶属度向量，建立模糊评价矩阵，再与因素权向量进行模糊综合运算，最终获得模糊综合评价结果[116]。目前，模糊综合评价法已经被广泛应用于可再生能源项目和储能项目的风险评价中[60,62]。

根据构建的评价指标体系和评语等级，评价对象的因素集和评价集分别表示为 $U=(U_1, U_2, U_3, \cdots, U_m)$ 和 $V=(V_1, V_2, V_3, \cdots, V_m)$。假设 r_{nm} 表示第 n 项评价指标对第 m 级评语的隶属度，单因素模糊评价矩阵表示如下[145]：

$$R = \begin{bmatrix} r_{11} & r_{12} & \cdots & r_{1m} \\ r_{21} & r_{22} & \cdots & r_{2m} \\ \vdots & \vdots & \ddots & \vdots \\ r_{n1} & r_{n2} & \cdots & r_{nm} \end{bmatrix} \qquad 式（5-1）$$

设 $W=(\omega_1, \omega_2, \omega_3, \cdots, \omega_n)$ 表示权重集合，权重集合的模糊集就是因素权向量。其中，ω_i 表示第 i 个因素的权重，$\omega_i > 0$ 且 $\sum_{i=1}^{n} \omega_i = 1$。

将模糊评价矩阵与因素权向量进行合成运算，建立综合评价模型，上一级指标的模糊评价矩阵是通过下一级指标进行模糊综合运算后得出，方法如下[145]：

$$S = W \times R = \begin{bmatrix} \omega_1, & \omega_2, & \omega_3, & \cdots, & \omega_n \end{bmatrix} \times \begin{bmatrix} r_{11} & r_{12} & \cdots & r_{1m} \\ r_{21} & r_{22} & \cdots & r_{2m} \\ \vdots & \vdots & \ddots & \vdots \\ r_{n1} & r_{n2} & \cdots & r_{nm} \end{bmatrix}$$

$$= \begin{bmatrix} S_1, & S_2, & S_3, & \cdots, & S_m \end{bmatrix} \qquad 式（5-2）$$

5.2.2　可再生能源发电侧储能技术投资风险评价模型

可再生能源发电侧储能技术投资风险评价的重要前提是确定因素权向量和建立模糊评价矩阵。确定因素权向量包括两部分内容：一是建立可再生能源发电侧储能技术投资风险评价指标体系；二是对一级指标和二级指标进行重要性比较标度，建立判断矩阵，并进行一致性检验。建立模糊评价矩阵需要对各项风险指标的发生概率和危害程度进行打分，并对各项风险指标的隶属度进行计算。可再生能源发电侧储能技术投资风险评价的核心是模糊综合评价运算，包括模糊评价向量的计算和风险水平的计算。其中，模糊评价向量通过因素权向量和模糊评价矩阵确定。风险水平通过风险发生概率的综合评价值和风险发生危害程度的综合评价值确定。可再生能源发电侧储能技术投资风险评价模型（见图5-5）的应用步骤如下[62]：

（1）建立综合评价的因素集。根据构建的可再生能源发电侧储能技术投资风险评价指标体系，分别选取一级指标和二级指标作为第一层次因素和第二层次因素，风险评价指标体系中的各因素集为：$U = (A, B, C, \cdots)$，$A = (A_1, A_2, A_3, \cdots, A_n)$，$B = (B_1, B_2, B_3, \cdots, B_s)$，依此类推。

（2）建立综合评价的评价集。评价集是可再生能源发电侧储能技术投资风险可能出现的评价结果的总集合，用 V 表示，$V = (V_1, V_2, V_3, \cdots, V_m)$，$m$ 表示风险等级的个数。

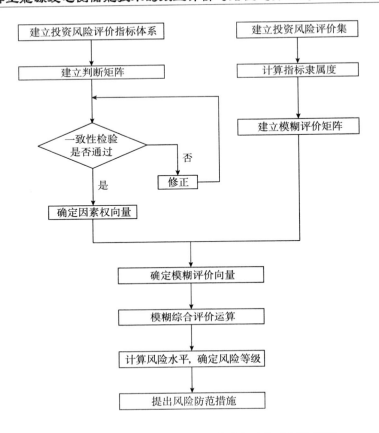

图 5-5   可再生能源发电侧储能技术投资风险评价模型

（3）建立模糊评价矩阵。假设 i 表示可再生能源发电侧储能技术备选方案的数量（$i=1$，2，3，$\cdots$，l），k 表示投资风险评价维度的数量（$k=1$，2，3，$\cdots$，p），n_k 表示第 k 个维度下的第 n 项指标。对于第 i 种可再生能源发电侧储能技术方案，第 n 项指标对第 m 级风险等级的隶属度表示为 $r^k_{in_k,m}$，则第 n 项指标的模糊评价集合表示为 $R^k_{i,n_k}=(r^k_{in_k,1}$，$r^k_{in_k,2}$，$\cdots$，$r^k_{in_k,m})$，第 i 种可再生能源发电侧储能技术方案在第 k 个维度下的模糊评价矩阵表示为：

$$R_i^k = \begin{bmatrix} r_{i1,1}^k & r_{i1,2}^k & \cdots & r_{i1,m}^k \\ r_{i2,1}^k & r_{i2,2}^k & \cdots & r_{i2,m}^k \\ \vdots & \vdots & \ddots & \vdots \\ r_{in_k,1}^k & r_{in_k,2}^k & \cdots & r_{in_k,m}^k \end{bmatrix} \qquad 式（5-3）$$

（4）确定因素权向量。由于各项风险指标的重要程度不同，需要确定各项风险指标的因素权向量 W。因素权向量通过层次分析法中相对重要性矩阵进行确定，一级指标的因素权向量表示为 $W = (\omega^1, \omega^2, \omega^3, \cdots, \omega^p)$，满足 $\sum_{k=1}^{p} \omega^k = 1$。二级指标的因素权向量表示为 $A^K = (a_1^k, a_2^k, a_3^k, \cdots, a_{n_k}^k)$，满足 $\sum_{j=1}^{n_k} a_j^k = \omega^k$。

（5）确定模糊评价向量。通过模糊变化将各因素集上的模糊向量转变为评价集上的模糊向量。第 i 种可再生能源发电侧储能技术方案在第 k 个维度下的模糊评价向量可以表示为：

$$B_i^k = A^k \times R_i^k = \begin{bmatrix} a_1^k, & a_2^k, & a_3^k, & \cdots, & a_{n_k}^k \end{bmatrix} \times \begin{bmatrix} r_{i1,1}^k & r_{i1,2}^k & \cdots & r_{i1,m}^k \\ r_{i2,1}^k & r_{i2,2}^k & \cdots & r_{i2,m}^k \\ \vdots & \vdots & \ddots & \vdots \\ r_{in_k,1}^k & r_{in_k,2}^k & \cdots & r_{in_k,m}^k \end{bmatrix}$$

$$= \begin{bmatrix} b_{i,1}^k, & b_{i,2}^k, & b_{i,3}^k, & \cdots, & b_{i,m}^k \end{bmatrix} \qquad 式（5-4）$$

将不同维度下的模糊评价向量进行组合，可以得到模糊评价矩阵。第 i 种可再生能源发电侧储能技术方案 p 个维度的模糊评价矩阵表示为：

$$C_i = \begin{bmatrix} B_i^1 \\ B_i^2 \\ \vdots \\ B_i^p \end{bmatrix} = \begin{bmatrix} b_{i,1}^1 & b_{i,2}^1 & \cdots & b_{i,m}^1 \\ b_{i,1}^2 & b_{i,2}^2 & \cdots & b_{i,m}^2 \\ \vdots & \vdots & \ddots & \vdots \\ b_{i,1}^p & b_{i,2}^p & \cdots & b_{i,m}^p \end{bmatrix} \qquad 式（5-5）$$

将一级指标的因素权向量与相应的风险评价矩阵合成运算后，可以得到

第 i 种可再生能源发电侧储能技术方案的风险模糊综合评价向量：

$$S_i = W \times C_i = \begin{bmatrix} \omega^1, & \omega^2, & \omega^3, & \cdots, & \omega^P \end{bmatrix} \times \begin{bmatrix} B_i^1 \\ B_i^2 \\ \vdots \\ B_i^p \end{bmatrix} = \begin{bmatrix} s_{i,1}, & s_{i,2}, & s_{i,3}, & \cdots, & s_{i,m} \end{bmatrix}$$

式（5-6）

（6）进行模糊综合评价运算。

$$D_i = S_i \times V = \begin{bmatrix} s_{i,1}, & s_{i,2}, & s_{i,3}, & \cdots, & s_{i,m} \end{bmatrix} \times \begin{bmatrix} V_1 \\ V_2 \\ \vdots \\ V_m \end{bmatrix}$$

式（5-7）

（7）计算风险水平。可再生能源发电侧储能技术的风险水平计算方法如下[114]：

$$R_{i,f} = f(D_{i,P_f}, \; D_{i,C_f}) = 1-(1-D_{i,P_f}) \cdot (1-D_{i,C_f}) = D_{i,P_f}+D_{i,C_f}-D_{i,P_f} \cdot D_{i,C_f}$$

式（5-8）

式中：D_{i,P_f} 表示风险发生概率的综合评价值，D_{i,C_f} 表示风险发生危害程度的综合评价值，$R_{i,f}$ 表示可再生能源发电侧储能技术的风险水平，$R_{i,f}<$ 0.300，表示低风险，$0.300 \leqslant R_{i,f} \leqslant 0.700$，表示中风险，$R_{i,f}>0.700$，表示高风险。

5.3 可再生能源发电侧储能技术的投资风险评价

本节从各级指标风险和综合投资风险两方面对可再生能源发电侧储能技

术的投资风险进行了评价。

5.3.1　可再生能源发电侧储能技术各级指标风险评价

本节利用可再生能源发电侧储能技术投资风险评价模型对抽水蓄能、压缩空气储能、磷酸铁锂电池储能和风电电解水制氢各级指标的风险进行了评价，具体过程如下：

（1）建立可再生能源发电侧储能技术的风险因素集。

一级指标 U = ｛A 经济风险，B 技术风险，C 环境风险，D 管理风险，E 市场风险，F 政策风险｝。

以经济风险和管理风险为例，经济风险因素集：A = ｛A_1 融资模式、A_2 通货膨胀、A_3 材料价格调整、A_4 施工人工费调整、A_5 设备价格调整、A_6 资金供给、A_7 电价波动、A_8 盈利能力、A_9 运行维护成本｝。

管理风险因素集：D = ｛D_1 安全管理、D_2 质量管理、D_3 进度管理、D_4 财务管理、D_5 人员管理、D_6 运维管理｝。

（2）建立可再生能源发电侧储能技术的风险评价集。

在可再生能源发电侧储能技术的风险评价中，V_1、V_2、V_3、V_4 和 V_5 分别表示"低风险""较低风险""中等风险""较高风险"和"高风险"。

风险发生概率的评价集：V_p = （0.1，0.3，0.5，0.7，0.9） = （发生可能性极小，发生可能性较小，发生可能性一般，发生可能性较大，发生可能性极大）。

风险发生危害程度的评价集：V_c = （0.1，0.3，0.5，0.7，0.9） = （影响极小，影响较小，影响一般，影响较大，影响极大）。

（3）建立风险发生概率和风险发生危害程度的模糊评价矩阵。

邀请对可再生能源发电及储能技术有深入了解、具有相关工作经验的专家对抽水蓄能、压缩空气储能、磷酸铁锂电池储能和风电电解水制氢各项风险指标发生的概率和危害程度进行评分，对各项风险指标的评价隶属度进行计算，得到各项风险指标发生概率和危害程度的隶属频率。

以风电电解水制氢技术的管理风险为例，管理风险发生概率的隶属频率矩阵 R^4_{4,P_f} 和管理风险发生危害程度的隶属频率矩阵 R^4_{4,C_f} 分别表示如下：

$$R^4_{4,P_f} = \begin{bmatrix} 0.375 & 0.125 & 0.375 & 0.125 & 0.000 \\ 0.125 & 0.500 & 0.375 & 0.000 & 0.000 \\ 0.125 & 0.500 & 0.125 & 0.125 & 0.125 \\ 0.250 & 0.375 & 0.375 & 0.000 & 0.000 \\ 0.375 & 0.375 & 0.250 & 0.000 & 0.000 \\ 0.125 & 0.125 & 0.500 & 0.125 & 0.125 \end{bmatrix} \qquad \text{式（5-9）}$$

$$R^4_{4,C_f} = \begin{bmatrix} 0.000 & 0.000 & 0.375 & 0.375 & 0.250 \\ 0.000 & 0.000 & 0.375 & 0.625 & 0.000 \\ 0.000 & 0.125 & 0.375 & 0.375 & 0.125 \\ 0.375 & 0.500 & 0.125 & 0.000 & 0.000 \\ 0.625 & 0.250 & 0.125 & 0.000 & 0.000 \\ 0.250 & 0.625 & 0.125 & 0.000 & 0.000 \end{bmatrix} \qquad \text{式（5-10）}$$

（4）确定可再生能源发电侧储能技术的风险因素权向量。

根据 Satty 提出的 1~9 标度法对各项风险指标进行重要性比较标度，九级标度值及含义如表 5-1 所示。

表 5-1　九级标度值及含义

标度	含义
1	两个指标具有同等的重要性
3	两个指标相比，前者比后者稍微重要
5	两个指标相比，前者比后者明显重要
7	两个指标相比，前者比后者强烈重要
9	两个指标相比，前者比后者极其重要

续表

标度	含义
2，4，6，8	介于上述相邻判断的中间值
上述各数的倒数	若指标 C_i 与指标 C_j 相比，重要性为 C_{ij}， 则指标 C_j 与 C_i 的重要性之比 $C_{ji} = \dfrac{1}{C_{ij}}$

数据来源：参考文献[61]。

　　按照目标层对准则层、准则层对元素层分别构建判断矩阵，并进行一致性检验。一致性比例的计算方式如下[61]：

$$CI = \frac{\lambda_{\max} - n}{n - 1}$$
式（5-11）

$$CR = \frac{CI}{RI}$$
式（5-12）

　　式（5-11）、式（5-12）中：CI 表示一致性指数，$\lambda_{\max}$ 表示矩阵最大特征根，n 表示矩阵特征根的个数，CR 表示一致性比例，RI 表示平均随机一致性指数，RI 与矩阵阶数 n 的对应关系如表 5-2 所示。如果 $CR<0.1$，风险指标判断矩阵的一致性满足要求，否则需要对风险指标判断矩阵中的元素进行修正，使其具有满意一致性。

表 5-2　平均随机一致性指数 RI

判断矩阵阶数	1	2	3	4	5	6	7	8	9	10
RI 值	0.000	0.000	0.520	0.890	1.120	1.260	1.360	1.410	1.460	1.490

数据来源：参考文献[61]。

　　可再生能源发电侧储能技术一级指标和二级指标的判断矩阵分别如表 5-3、表 5-4 所示。

·123·

表 5-3　一级指标的判断矩阵

指标	A	B	C	D	E	F	权重	检验参数
A	1	2	3	4	3	3	0.332	$\lambda_{max}=6.339$
B	1/2	1	2	3	2	1/3	0.152	$CR_R=0.055$
C	1/3	1/2	1	2	1/2	1/4	0.080	
D	1/4	1/3	1/2	1	1/2	1/5	0.054	
E	1/3	1/2	2	2	1	1/4	0.101	
F	1/3	3	4	5	4	1	0.281	

数据来源：笔者计算得出。

由表 5-3 可知，一级指标的判断矩阵一致性检验合格，因此，一级指标的因素权向量 ω ＝（0.332，0.152，0.080，0.054，0.101，0.281）。

表 5-4　经济风险指标的判断矩阵

指标	A_1	A_2	A_3	A_4	A_5	A_6	A_7	A_8	A_9	权重	检验参数
A_1	1	3	4	4	4	2	3	1/2	4	0.207	$\lambda_{max}=9.094$
A_2	1/3	1	2	2	2	1/2	1	1/4	2	0.084	$CR_A=0.008$
A_3	1/4	1/2	1	1	1	1/3	1/2	1/5	1	0.048	
A_4	1/4	1/2	1	1	1	1/3	1/2	1/5	1	0.048	
A_5	1/4	1/2	1	1	1	1/3	1/2	1/5	1	0.048	
A_6	1/2	2	3	3	3	1	2	1/3	3	0.137	
A_7	1/3	1	2	2	2	1/2	1	1/4	2	0.084	
A_8	2	4	5	5	5	3	4	1	5	0.298	
A_9	1/4	1/2	1	1	1	1/3	1/2	1/5	1	0.048	

数据来源：笔者计算得出。

由表 5-4 可知，经济风险指标的判断矩阵一致性检验合格，因此，经济风险指标的因素权向量 ω^1 ＝（0.207，0.084，0.048，0.048，0.048，0.137，0.084，0.298，0.048）。

表 5-5　技术风险指标的判断矩阵

指标	B_1	B_2	B_3	B_4	B_5	B_6	B_7	权重	检验参数
B_1	1	5	2	4	3	2	1	0.256	$\lambda_{max} = 7.087$
B_2	1/5	1	1/4	1/2	1/3	1/4	1/5	0.038	$CR_B = 0.011$
B_3	1/2	4	1	3	2	1	1/2	0.151	
B_4	1/4	2	1/3	1	1/2	1/3	1/4	0.057	
B_5	1/3	3	1/2	2	1	1/2	1/3	0.091	
B_6	1/2	4	1	3	2	1	1/2	0.151	
B_7	1	5	2	4	3	2	1	0.256	

数据来源：笔者计算得出。

由表 5-5 可知，技术风险指标的判断矩阵一致性检验合格，因此，技术风险指标的因素权向量 $\omega^2 =$（0.256，0.039，0.151，0.057，0.091，0.151，0.256）。

表 5-6　环境风险指标的判断矩阵

指标	C_1	C_2	C_3	C_4	权重	检验参数
C_1	1	1/2	2	1/3	0.160	$\lambda_{max} = 4.031$
C_2	2	1	3	1/2	0.278	$CR_C = 0.011$
C_3	1/2	1/3	1	1/4	0.095	
C_4	3	2	4	1	0.467	

数据来源：笔者计算得出。

由表 5-6 可知，环境风险指标的判断矩阵一致性检验合格，因此，环境风险指标的因素权向量 $\omega^3 =$（0.160，0.278，0.095，0.467）。

表 5-7　管理风险指标的判断矩阵

指标	D_1	D_2	D_3	D_4	D_5	D_6	权重	检验参数
D_1	1	2	3	4	6	5	0.381	$\lambda_{max} = 6.122$

指标	D_1	D_2	D_3	D_4	D_5	D_6	权重	检验参数
D_2	1/2	1	2	3	5	4	0.252	$CR_D = 0.020$
D_3	1/3	1/2	1	2	4	3	0.160	
D_4	1/4	1/3	1/2	1	3	2	0.101	
D_5	1/6	1/5	1/4	1/3	1	1/2	0.042	
D_6	1/5	1/4	1/3	1/2	2	1	0.064	

数据来源：笔者计算得出。

由表5-7可知，管理风险指标的判断矩阵一致性检验合格，因此，管理风险指标的因素权向量 $\omega^4 =$（0.381，0.252，0.160，0.101，0.042，0.064）。

表5-8   市场风险指标的判断矩阵

指标	E_1	E_2	E_3	E_4	权重	检验参数
E_1	1	2	3	4	0.467	$\lambda_{max} = 4.031$
E_2	1/2	1	2	3	0.278	$CR_E = 0.011$
E_3	1/3	1/2	1	2	0.160	
E_4	1/4	1/3	1/2	1	0.095	

数据来源：笔者计算得出。

由表5-8可知，市场风险指标的判断矩阵一致性检验合格，因此，市场风险指标的因素权向量 $\omega^5 =$（0.467，0.278，0.160，0.095）。

表5-9   政策风险指标的判断矩阵

指标	F_1	F_2	F_3	F_4	F_5	F_6	F_7	权重	检验参数
F_1	1	1	2	5	6	3	4	0.280	$\lambda_{max} = 7.118$
F_2	1	1	2	5	6	3	4	0.280	$CR_F = 0.015$

指标	F_1	F_2	F_3	F_4	F_5	F_6	F_7	权重	检验参数
F_3	1/2	1/2	1	4	5	2	3	0.178	
F_4	1/5	1/5	1/4	1	2	1/3	1/2	0.048	
F_5	1/6	1/6	1/5	1/2	1	1/3	1/2	0.036	
F_6	1/3	1/3	1/2	3	3	1	2	0.109	
F_7	1/4	1/4	1/3	2	2	1/2	1	0.069	

数据来源：笔者计算得出。

　　由表 5-9 可知，政策风险指标的判断矩阵一致性检验合格，因此，政策风险指标的因素权向量 $\omega^6 =$ （0.280，0.280，0.178，0.048，0.036，0.109，0.069）。

　　基于以上分析，可再生能源发电侧储能技术的投资风险指标权重如表 5-10 所示。

表 5-10　可再生能源发电侧储能技术的投资风险指标权重

准则层	权重	指标	权重	综合权重
经济风险（A）	0.332	融资模式（A_1）	0.207	0.069
		通货膨胀（A_2）	0.084	0.028
		材料价格调整（A_3）	0.048	0.016
		施工人工费调整（A_4）	0.048	0.016
		设备价格变化（A_5）	0.048	0.016
		资金供给（A_6）	0.137	0.045
		电价波动（A_7）	0.084	0.028
		盈利能力（A_8）	0.298	0.099
		运行维护成本（A_9）	0.048	0.016
技术风险（B）	0.152	规划设计（B_1）	0.256	0.039
		技术方案选择（B_2）	0.038	0.006
		设计变更（B_3）	0.151	0.023
		施工技术协调（B_4）	0.057	0.009

续表

准则层	权重	指标	权重	综合权重
技术风险（B）	0.152	设备维护（B_5）	0.091	0.014
		技术进步（B_6）	0.151	0.023
		安全可靠性（B_7）	0.256	0.039
环境风险（C）	0.080	生态资源破坏（C_1）	0.160	0.013
		可再生资源不确定性（C_2）	0.278	0.022
		不可抗力（C_3）	0.095	0.008
		气候条件（C_4）	0.467	0.037
管理风险（D）	0.054	安全管理（D_1）	0.381	0.021
		质量管理（D_2）	0.252	0.014
		进度管理（D_3）	0.160	0.009
		财务管理（D_4）	0.101	0.005
		人员管理（D_5）	0.042	0.002
		运维管理（D_6）	0.064	0.003
市场风险（E）	0.101	可再生能源市场变化（E_1）	0.467	0.047
		地区条件（E_2）	0.278	0.028
		电力需求（E_3）	0.160	0.016
		市场准入（E_4）	0.095	0.010
政策风险（F）	0.281	国家法律法规（F_1）	0.280	0.079
		行业规划（F_2）	0.280	0.079
		银行贷款政策（F_3）	0.178	0.050
		政府补贴（F_4）	0.048	0.014
		绿色电力证书（F_5）	0.036	0.010
		财税政策（F_6）	0.109	0.031
		环保政策（F_7）	0.069	0.020

数据来源：笔者计算得出。

　　由表 5-10 可以看出，经济风险是影响可再生能源发电侧储能技术投资决策的最重要因素，对风险评价结果影响较大，这是因为经济风险会直接影响项目的成本和收益。在经济风险中投资者需要重点关注融资模式、资金供给和盈利能力三项风险指标。政策风险是影响可再生能源发电侧储能技术投资决策的重要因素，尤其是与可再生能源和储能相关的国家法律法规和行业规划。技术风险和市场风险是影响可再生能源发电侧储能技术投资决策的次要因素，在技术风险和市场风险中，决策者应重点关注规划设计、安全可靠性、设计变更、技术进步、可再生能源市场变化以及地区条件。另外，环境风险中的可再生资源不确定性、气候条件以及管理风险中的安全管理和质量管理也会对可再生能源发电侧储能技术的投资决策产生较大影响。

（5）确定可再生能源发电侧储能技术投资风险的模糊评价向量。

根据式（5-4），可以得到风电电解水制氢技术管理风险发生概率的模糊评价向量 B_{4,P_f}^4 和管理风险发生危害程度的模糊评价向量 B_{4,C_f}^4 分别如下：

$$B_{4,P_f}^4 = (0.243，0.315，0.338，0.076，0.028) \qquad 式（5-13）$$

$$B_{4,C_f}^4 = (0.080，0.121，0.323，0.360，0.115) \qquad 式（5-14）$$

（6）进行可再生能源发电侧储能技术投资风险模糊综合评价运算。

将管理风险发生概率的模糊评价向量 B_{4,P_f}^4 和管理风险发生危害程度的模糊评价向量 B_{4,C_f}^4 分别与风险发生概率的评价集、风险发生危害程度的评价集进行模糊综合评价运算后，得到管理风险发生概率的综合评价值和管理风险发生危害程度的综合评价值。经计算，风电电解水制氢技术管理风险的风险水平是 0.722，其他一级指标的风险水平如表 5-11 所示。

表 5-11　风电电解水制氢技术一级指标风险评价结果

一级指标	风险发生概率	风险发生危害程度	风险水平	风险等级
经济风险	0.333	0.496	0.663	中风险
技术风险	0.485	0.557	0.772	高风险
环境风险	0.318	0.569	0.706	高风险
管理风险	0.366	0.562	0.722	高风险
市场风险	0.348	0.464	0.651	中风险

一级指标	风险发生概率	风险发生危害程度	风险水平	风险等级
政策风险	0.377	0.419	0.638	中风险

数据来源：笔者计算得出。

由表5-11可知，风电电解水制氢技术一级指标的风险由高到低依次是技术风险、管理风险、环境风险、经济风险、市场风险和政策风险。其中，技术风险、管理风险和环境风险属于高风险，企业在投资决策中需要重视这三类风险，做好相应的风险防范和应对措施。

以风险发生概率为横坐标、风险发生的危害程度为纵坐标，绘制风电电解水制氢技术二级指标风险四象限图，如图5-6所示。

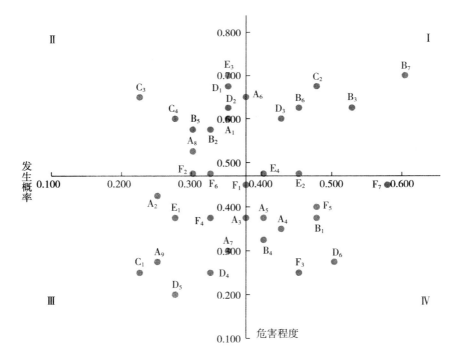

图5-6　风电电解水制氢技术二级指标的风险四象限分布

数据来源：笔者计算得出。

由图 5-6 可知，第 I 象限的风险指标发生概率大，危害程度大，这类风险指标主要包括设计变更（B_3）、技术进步（B_6）、安全可靠性（B_7）、可再生资源不确定性（C_2）、进度管理（D_3）、地区条件（E_2）和市场准入（E_4）；第 II 象限的风险指标发生概率小，危害程度大，这类风险指标主要包括融资模式（A_1）、盈利能力（A_8）、技术方案选择（B_2）、设备维护（B_5）、不可抗力（C_3）、气候条件（C_4）、安全管理（D_1）、质量管理（D_2）和电力需求（E_3）；第 III 象限的风险指标发生概率小，危害程度小，这类风险指标主要包括通货膨胀（A_2）、电价波动（A_7）、运维成本（A_9）、生态资源破坏（C_1）、财务管理（D_4）、人员管理（D_5）、可再生能源市场变化（E_1）和政府补贴（F_4）；第 IV 象限的风险指标发生概率大，危害程度小，这类风险指标主要包括施工人工费调整（A_4）、设备价格变化（A_5）、规划设计（B_1）、施工技术协调（B_4）、运维管理（D_6）、银行贷款政策（F_3）、绿色电力证书（F_5）和环保政策（F_7）。

根据可再生能源发电侧储能技术各级指标的风险评价结果，企业可以采取以下风险应对措施，例如，加强设计变更的监督和管理、加强储能技术的创新和研发力度、优化发电系统和储能系统的施工工艺；加强气候环境监测和预报、安装自然灾害报警装置；加强进度管理、质量管理和安全管理，制定储能设备防火和防爆措施。

5.3.2 可再生能源发电侧储能技术综合投资风险评价

在对可再生能源发电侧储能技术各级指标风险评价的基础上，本书对可再生能源发电侧储能技术的综合投资风险进行了评价。

风电电解水制氢技术一级指标风险发生概率的模糊评价矩阵 C_{4,P_f} 表示如下：

$$C_{4,P_f} = \begin{bmatrix} 0.231 & 0.386 & 0.373 & 0.011 & 0.000 \\ 0.058 & 0.298 & 0.338 & 0.275 & 0.032 \\ 0.225 & 0.532 & 0.174 & 0.069 & 0.000 \\ 0.243 & 0.315 & 0.338 & 0.076 & 0.028 \\ 0.235 & 0.312 & 0.433 & 0.020 & 0.000 \\ 0.193 & 0.357 & 0.335 & 0.101 & 0.013 \end{bmatrix}$$ 式（5-15）

将风险发生概率的模糊评价矩阵与一级指标的因素权向量合成运算后，得到风电电解水制氢技术的风险发生概率的模糊综合评价向量 S_{4,P_f} = （0.195，0.365，0.345，0.085，0.010）。

风电电解水制氢技术一级指标风险发生危害程度的模糊评价矩阵 C_{4,C_f} 表示如下：

$$C_{4,C_f} = \begin{bmatrix} 0.075 & 0.239 & 0.362 & 0.282 & 0.043 \\ 0.039 & 0.185 & 0.334 & 0.338 & 0.104 \\ 0.080 & 0.040 & 0.472 & 0.269 & 0.140 \\ 0.080 & 0.121 & 0.323 & 0.360 & 0.115 \\ 0.117 & 0.245 & 0.379 & 0.220 & 0.040 \\ 0.071 & 0.418 & 0.357 & 0.154 & 0.000 \end{bmatrix}$$ 式（5-16）

将风险发生危害程度的模糊评价矩阵与一级指标的因素权向量合成运算后，得到风电电解水制氢技术风险发生危害程度的模糊综合评价向量 S_{4,C_f} = （0.073，0.259，0.365，0.251，0.051）。

将风险发生概率的模糊综合评价向量和风险发生危害程度的模糊综合评价向量分别与风险发生概率的评价集、风险发生危害程度的评价集进行模糊综合评价运算后，得到风电电解水制氢技术风险发生概率的综合评价值 D_{4,P_f} = 0.370，风险发生危害程度的综合评价值 D_{4,C_f} = 0.490。因此，风电电解水制氢技术的风险水平 $R_{4,f}$ = 0.679，0.679<0.700，风电电解水制氢技术的投资风险为中风险。

抽水蓄能、压缩空气储能、磷酸铁锂电池储能和风电电解水制氢的综合投资风险评价结果如表 5-12 所示。

表 5-12　可再生能源发电侧储能技术的投资风险对比

储能技术	风险发生概率	风险发生危害程度	风险水平	风险等级
抽水蓄能	0.242	0.282	0.456	中风险
压缩空气储能	0.289	0.350	0.538	中风险
磷酸铁锂电池储能	0.323	0.389	0.586	中风险
风电电解水制氢	0.370	0.490	0.679	中风险

数据来源：笔者计算得出。

由表 5-12 可知，抽水蓄能、压缩空气储能、磷酸铁锂电池储能和风电电解水制氢的投资风险水平分别为 0.456，0.538，0.586 和 C.679，均小于 0.700。因此，可再生能源发电侧储能技术的投资风险为中风险。投资风险水平由高到低依次是风电电解水制氢、磷酸铁锂电池储能、压缩空气储能和抽水蓄能。从投资风险角度来看，决策者宜优先选择抽水蓄能技术。

5.4　本章小结

本章对可再生能源发电侧储能技术的投资风险进行研究。首先，根据可再生能源发电侧储能建设前期、建设阶段和运行维护阶段的特点，对各阶段的经济风险、技术风险、环境风险、管理风险、市场风险和政策风险进行分析识别，建立了可再生能源发电侧储能技术投资风险评价指标体系。其次，阐述了可再生能源发电侧储能技术投资风险评价方法选择的依据，详细介绍了模糊综合评价法，在此基础上，构建了可再生能源发电侧储能技术投资风险评价模型。最后，对不同发电侧储能技术的投资风险进行评价，对投资风险等级进行划分。

第6章 可再生能源发电侧储能技术路径选择模型构建

在可再生能源发电侧储能技术经济效益、环境效益和投资风险研究的基础上，决策者需要对可再生能源发电侧储能技术进行综合评价，制定适合企业发展的技术路径方案。因此，基于 2.2.4 节可再生能源发电侧储能的理论分析，本章从经济、环境、风险等角度建立了可再生能源发电侧储能技术路径选择指标体系，构建了考虑模糊性与不确定性的可再生能源发电侧储能技术路径选择模型。

6.1 可再生能源发电侧储能技术路径选择指标体系构建

建立科学全面的技术路径选择指标体系是可再生能源发电侧储能技术路径选择的重要前提，本书从经济、环境、技术、社会和资源五个维度构建了可再生能源发电侧储能技术路径选择指标体系，包括 5 个一级指标和 19 个二级指标，如图 6-1 所示。

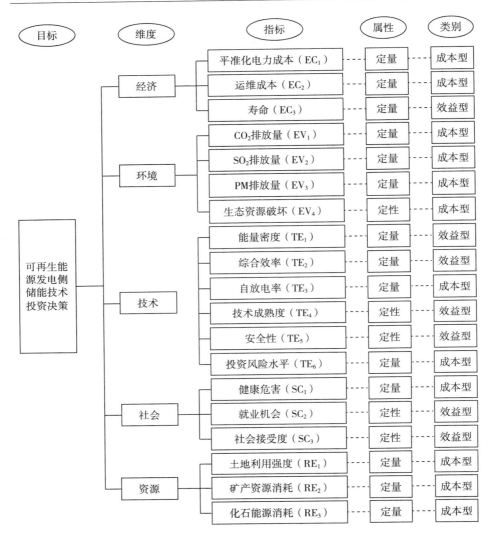

图 6-1　可再生能源发电侧储能技术路径选择指标体系

可再生能源发电侧储能技术路径选择指标体系由目标层、维度层和指标层构成，目标层是可再生能源发电侧储能技术路径选择，维度层是经济维度、环境维度、技术维度、社会维度和资源维度，指标层是将维度层进一步分解，每个维度层下包括若干项二级指标，各项二级指标的含义如下：

（1）在经济方面，本书考虑了平准化电力成本、运维成本和寿命。平准化电力成本是可再生能源发电侧储能技术每单位放电电量的成本。运维成本是可再生能源发电侧储能技术在运行维护过程中产生的费用。寿命表示储能设备的耐用年限，即可再生能源发电侧储能技术保持良好性能的时间。

（2）在环境方面，本书考虑了 CO_2 排放量、SO_2 排放量、PM 排放量和生态资源破坏。CO_2、SO_2 和 PM 衡量了可再生能源发电侧储能技术单位放电电量的温室气体排放和大气污染物排放。生态资源破坏指可再生能源发电侧储能在建设、运行过程中引发的生态退化及由此导致的环境结构和功能的变化。

（3）在技术方面，本书考虑了能量密度、综合效率、自放电率、技术成熟度、安全性和投资风险水平。能量密度指可再生能源发电侧储能一定空间或质量中储存的能量。综合效率指可再生能源发电侧储能在一次充放电循环时，输出能量与消耗能量的比率，反映了储能设备在充放电过程中的能量损耗情况。自放电率指电池暴露在开路时保持电量的能力。技术成熟度指可再生能源发电侧储能技术所具有的产业化实用程度。安全性指可再生能源发电侧储能保持安全运行和稳定运行的能力。投资风险水平指可再生能源发电侧储能技术生命周期中各种不确定性因素带来的风险值。

（4）在社会方面，本书考虑了健康危害、就业机会和社会接受度。健康危害指可再生能源发电侧储能在原材料提取、加工、制造、组装以及处置回收过程中对人体健康造成的危害。就业机会指可再生能源发电侧储能在生产建设和安装运行过程中为当地居民带来的各种潜在工作岗位。社会接受度指社会群众在充放电价格、可靠性等方面对储能电站的接受程度。

（5）在资源方面，本书考虑了土地利用强度、矿产资源消耗和化石能源消耗。土地利用强度指可再生能源发电侧储能对土地的占用情况。矿产资源消耗和化石能源消耗分别表示可再生能源发电侧储能技术单位存储容量所需消耗的矿产资源和化石能源。

6.2 考虑模糊性与不确定性的可再生能源发电侧储能技术路径选择模型

本节对决策指标值转换的方法、决策指标权重确定的方法和发电侧储能技术排序的方法进行了介绍，为可再生能源发电侧储能技术路径选择模型的构建提供了依据。

6.2.1 基于区间二型梯形模糊集的决策指标值转换

在可再生能源发电侧储能技术路径选择中，一些指标以数据区间或者定性语言的形式表示，指标值具有模糊性。因此，可再生能源发电侧储能技术路径选择会涉及许多不确定性问题。一型模糊集不能完全表示出这种不确定性，在一型模糊集的基础上，Zadeh 提出了二型模糊集[146]。二型模糊集的隶属度是一型模糊集，在表达不确定性时比一型模糊集更加准确[147,148]。作为二型模糊集的特例，区间二型模糊集利用区间的形式描述隶属度和非隶属度，灵活性强，形象直观[89,149]。目前，区间二型模糊集已经被广泛应用于能源环境领域各种项目的评价中，如风储联合发电项目、可再生能源发电项目和储能项目[83,87,89,117]。与三角模糊数相比，梯形模糊数能更精确地进行语义变量的转换[83]，因此，本书利用区间二型梯形模糊集对可再生能源发电侧储能技术路径选择过程中的指标值进行转换。区间二型梯形模糊集的定义和运算如下：

（1）区间二型梯形模糊集的定义。

设 X 为论域，A 为 X 上的模糊集，存在任何 $x \in X$，均有一个数 $\mu_A(x) \in [0,1]$ 与之对应，则 $\mu_A(x)$ 为 x 对模糊集 A 的隶属度，当 x 在 X 中变动时，

μ_A 称为模糊集 A 的隶属函数[122]，即：

$$A = \{(x, \mu_A(x)) \mid x \in X\} \qquad \text{式（6-1）}$$

$$\mu_A(x) = \begin{cases} L(x), & l \leq x \leq m \\ R(x), & m \leq x \leq r \end{cases} \qquad \text{式（6-2）}$$

式(6-1)、式(6-2)中：$L(x)$ 为右连续的增函数，$R(x)$ 为左连续的减函数，且 $0 \leq L(x) \leq 1$，$0 \leq R(x) \leq 1$。在模糊集中，若对 $\alpha \in (0, 1]$，$A_\alpha = \{x \mid \mu_A(x) \geq \alpha\}$ 是闭区间，则称 A 为模糊数。

对于定义在实数集 R 上的模糊数 A，如果其隶属函数满足：

$$\mu_A(x) = \begin{cases} \dfrac{x-a}{b-a}, & a \leq x < b \\ 1, & b \leq x \leq c \\ \dfrac{d-x}{d-c}, & c < x \leq d \\ 0 & \text{其他} \end{cases} \qquad \text{式（6-3）}$$

式(6-3)中：a，b，c，$d \in R$，且 $a \leq b < c \leq d$，则称 A 是一个梯形模糊数，记为 $A = (a, b, c, d)$[150]。梯形模糊数的几何示意如图6-2所示。

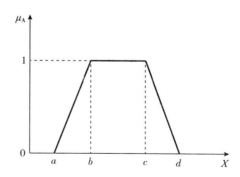

图6-2 梯形模糊数的几何示意图

论域 X 上的二型模糊集 A 表示为：

$$A = \{(x, u), \mu_A(x, u) \mid x \in X\} \qquad \text{式（6-4）}$$

式(6-4)中：x 是主要变量，u 是次要变量，$0 \leqslant \mu_A(x, u) \leqslant 1$。如果 $\mu_A(x, u) = 1$，则称 A 为区间二型模糊集，表达式如下[147]：

$$A = \int_{x \in X} \int_{\mu \in J_x} 1/(x, u) = \int_{x \in X} \left(\int_{\mu \in J_x} 1/u \right) /x \qquad 式（6-5）$$

式(6-5)中：$J_x \subseteq [0, 1]$，是 x 的主隶属度函数。

若区间二型模糊集的上隶属度函数和下隶属度函数均为梯形模糊数，则称其为区间二型梯形模糊集（Interval Type-2 Trapezoidal Fuzzy Number sets，IT2TrFNs），区间二型梯形模糊集的表达式如下[89]：

$$\tilde{A}_i = (\tilde{A}_i^U, \tilde{A}_i^L) = \begin{pmatrix} [a_{i1}^U, a_{i2}^U, a_{i3}^U, a_{i4}^U; H_1(\tilde{A}_i^U), H_2(\tilde{A}_i^U)] \\ [a_{i1}^L, a_{i2}^L, a_{i3}^L, a_{i4}^L; H_1(\tilde{A}_i^L), H_2(\tilde{A}_i^L)] \end{pmatrix} \qquad 式（6-6）$$

式(6-6)中：i 表示区间二型模糊集的序号，$\tilde{A}_i^U$ 和 $\tilde{A}_i^L$ 分别表示第 i 个区间梯形的上隶属度函数和下隶属度函数，a_{ij}^U 和 a_{ij}^L 分别表示第 i 个区间二型模糊集 $\tilde{A}_i$ 的上隶属度参考点和下隶属度参考点，$H_j(\tilde{A}_i^U)$ 和 $H_j(\tilde{A}_i^L)$ 分别表示元素 $a_{i(j+1)}^U$ 和元素 $a_{i(j+1)}^L$ 在上梯形隶属函数和下梯形隶属函数处的隶属度值。其中，$X \in \{U, L\}$，$\tilde{A}_i^L \subset \tilde{A}_i^U$，$0 \leqslant a_{i1}^U \leqslant a_{i2}^U \leqslant a_{i3}^U \leqslant a_{i4}^U$，$0 \leqslant a_{i1}^L \leqslant a_{i2}^L \leqslant a_{i3}^L \leqslant a_{i4}^L$，$a_{i1}^U \leqslant a_{i1}^L$，$a_{i4}^L \leqslant a_{i4}^U$，$0 \leqslant H_i(\tilde{A}_i^L) \leqslant H_i(\tilde{A}_i^U) \leqslant 1$。区间二型梯形模糊集的几何示意如图6-3所示。

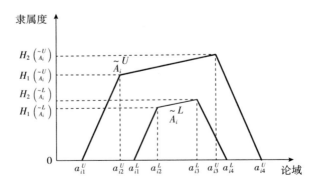

图6-3　区间二型梯形模糊集的几何示意图

（2）区间二型梯形模糊集的运算。

假设有两个区间二型模糊集 $\tilde{\tilde{A}}_1$ 和 $\tilde{\tilde{A}}_2$，其距离计算方法和几何平均算法分别如公式（6-9）和公式（6-10）所示[83,117]：

$$\tilde{\tilde{A}}_1 = (\tilde{A}_1^U,\ \tilde{A}_1^L) = \begin{pmatrix} [\,a_{11}^U,\ a_{12}^U,\ a_{13}^U,\ a_{14}^U\,;\ H_1(\tilde{A}_1^U),\ H_2(\tilde{A}_1^U)\,] \\ [\,a_{11}^L,\ a_{12}^L,\ a_{13}^L,\ a_{14}^L\,;\ H_1(\tilde{A}_1^L),\ H_2(\tilde{A}_1^L)\,] \end{pmatrix} \qquad 式（6-7）$$

$$\tilde{\tilde{A}}_2 = (\tilde{A}_2^U,\ \tilde{A}_2^L) = \begin{pmatrix} [\,a_{21}^U,\ a_{22}^U,\ a_{23}^U,\ a_{24}^U\,;\ H_1(\tilde{A}_2^U),\ H_2(\tilde{A}_2^U)\,] \\ [\,a_{21}^L,\ a_{22}^L,\ a_{23}^L,\ a_{24}^L\,;\ H_1(\tilde{A}_2^L),\ H_2(\tilde{A}_2^L)\,] \end{pmatrix} \qquad 式（6-8）$$

$$d(\tilde{\tilde{A}}_1,\ \tilde{\tilde{A}}_2) = \frac{1}{4}\Big[\ \sum_{j=1}^{4}\,(\,|\,a_{1j}^U - a_{2j}^U\,| + |\,a_{1j}^L - a_{2j}^L\,|\,)^2\ \Big]^{\frac{1}{2}} +$$

$$\frac{1}{4}\sum_{i=1}^{2}\,(\,|\,H_i(\tilde{A}_1^U) - H_i(\tilde{A}_2^U)\,| + |\,H_i(\tilde{A}_1^L) - H_i(\tilde{A}_2^L)\,|\,)$$

$$式（6-9）$$

$$\sqrt[n]{\tilde{\tilde{A}}_1} = \sqrt[n]{(\tilde{A}_1^U,\ \tilde{A}_1^L)} = \begin{pmatrix} [\,\sqrt[n]{a_{11}^U},\ \sqrt[n]{a_{12}^U},\ \sqrt[n]{a_{13}^U},\ \sqrt[n]{a_{14}^U}\,;\ H_1(\tilde{A}_1^U),\ H_2(\tilde{A}_1^U)\,] \\ [\,\sqrt[n]{a_{11}^L},\ \sqrt[n]{a_{12}^L},\ \sqrt[n]{a_{13}^L},\ \sqrt[n]{a_{14}^L}\,;\ H_1(\tilde{A}_1^L),\ H_2(\tilde{A}_1^L)\,] \end{pmatrix}$$

$$式（6-10）$$

（3）区间二型梯形模糊集去模糊化。

为了获取决策矩阵的特征值，需要对区间二型梯形模糊集进行去模糊化，去模糊化的方式如下[83,89]：

$$A_i^D = D_{TraT}(\tilde{\tilde{A}}_i) = \frac{(a_{i4}^U - a_{i1}^U) + [\,H_1(\tilde{A}_i^U)\cdot a_{i2}^U - a_{i1}^U\,] + [\,H_2(\tilde{A}_i^U)\cdot a_{i3}^U - a_{i1}^U\,]}{8} +$$

$$\frac{(a_{i4}^L - a_{i1}^L) + [\,H_1(\tilde{A}_i^L)\cdot a_{i2}^L - a_{i1}^L\,] + [\,H_2(\tilde{A}_i^L)\cdot a_{i3}^L - a_{i1}^L\,]}{8} + \frac{a_{i1}^U + a_{i1}^L}{2}$$

$$式（6-11）$$

式（6-11）中：A_i^D 是区间二型梯形模糊集 $\tilde{\tilde{A}}_i$ 的去模糊值。

（4）语义变量与区间二型梯形模糊集的转换关系。

本书将包含语义变量的决策矩阵转换为区间二型梯形模糊决策矩阵，语义变量与对应的区间二型梯形模糊集如表6-1所示。

表6-1 语义变量与对应的区间二型梯形模糊集

语义变量	区间二型梯形模糊集
非常高（VH）	{(0.9, 1, 1, 1; 1, 1), (0.95, 1, 1, 1; 0.9, 0.9)}
高（H）	{(0.7, 0.9, 0.9, 1; 1, 1), (0.8, 0.9, 0.9, 0.95; 0.9, 0.9)}
偏高（MH）	{(0.5, 0.7, 0.7, 0.9; 1, 1), (0.6, 0.7, 0.7, 0.8; 0.9, 0.9)}
适中（M）	{(0.3, 0.5, 0.5, 0.7; 1, 1), (0.4, 0.5, 0.5, 0.6; 0.9, 0.9)}
偏低（ML）	{(0.1, 0.3, 0.3, 0.5; 1, 1), (0.2, 0.3, 0.3, 0.4; 0.9, 0.9)}
低（L）	{(0, 0.1, 0.1, 0.3; 1, 1), (0.05, 0.1, 0.1, 0.2; 0.9, 0.9)}
非常低（VL）	{(0, 0, 0, 0.1; 1, 1), (0, 0, 0, 0.05; 0.9, 0.9)}

数据来源：参考文献[87,89]。

6.2.2　基于综合赋权法的决策指标权重确定

主客观综合赋权法可以减少主观因素的干扰，保证评价结果的客观性和准确性。因此，本书将主观赋权法与客观赋权法相结合，提出了基于层次分析法与熵权法的综合赋权法。

（1）主观权重-层次分析法。层次分析法通过对多维度指标逐层分解，不仅可以将复杂系统的决策问题转化为多层次单目标问题，还可以有效降低主观随机性对评价结果的影响[62]。因此，本书利用层次分析法求解各项决策指标的主观权重，具体步骤如下：

1）建立递阶层次指标结构。本书的目标层是可再生能源发电侧储能技术路径选择，包含经济、环境、技术、社会和资源五个维度层，每个维度层由若干项二级指标构成。

2）构造判断矩阵。分析每个维度层中二级指标之间的相互影响关系，根据 Satty 提出的 1-9 标度法对指标的相对重要性进行两两比较，构造判断矩阵。

$$A = \begin{bmatrix} a_{11} & a_{12} & \cdots & a_{1n} \\ a_{21} & a_{22} & \cdots & a_{2n} \\ \vdots & \vdots & \ddots & \vdots \\ a_{m1} & a_{m2} & \cdots & a_{mn} \end{bmatrix} \qquad 式（6-12）$$

式（6-12）中：元素 a_{ij} 表示指标 i 与指标 j 之间的相对重要性，$a_{ij} > 0$，$a_{ii} = 1$，$a_{ij} = \dfrac{1}{a_{ji}}$。

3）进行一致性检验。如果一致性比例 $CR < 0.1$，则认为决策指标判断矩阵的一致性满足要求，否则需要重新构造决策指标的判断矩阵。

4）确定各项决策指标的主观权重。通过计算各项决策指标相对于目标层的权重，得到各项决策指标的主观权重。

（2）客观权重-熵权法。熵权法可以有效解决信息冗余和人为判断的主观性等问题，具有客观准确的优势，是计算客观权重常用的方法[151]。因此，本书利用熵权法求解各项决策指标的客观权重。熵权法求解指标客观权重时数据标准要统一，定性指标通过式（6-11）进行去模糊化处理。熵权法求解客观权重的具体步骤如下[83,89]：

1）建立标准化评价矩阵。

$$P = \begin{bmatrix} P_{11} & P_{12} & \cdots & P_{1n} \\ P_{21} & P_{22} & \cdots & P_{2n} \\ \vdots & \vdots & \ddots & \vdots \\ P_{m1} & P_{m2} & \cdots & P_{mn} \end{bmatrix} \qquad 式（6-13）$$

式（6-13）中：P_{mn} 表示第 m 个备选方案第 n 项指标的归一化标准值，$i = 1，2，3，\cdots，m$，$j = 1，2，3，\cdots，n$。

2）确定各项决策指标的信息熵值。

$$e_j = -K \sum_{i=1}^{m} P_{ij} \ln P_{ij} \qquad 式（6-14）$$

式（6-14）中：$K=\dfrac{1}{In\ (m)}$，$K \geqslant 0$，$e_j > 0$。

3）确定各项决策指标的差异系数。

$$u_j = 1 - e_j \qquad 式（6-15）$$

4）确定各项决策指标的客观权重。

$$\omega_j = \dfrac{u_j}{\sum\limits_{j=1}^{n} u_j} \qquad 式（6-16）$$

式（6-16）中：$0 \leqslant \omega_j \leqslant 1$，且$\sum\limits_{j=1}^{n}\omega_j = 1$。

（3）综合权重-综合赋权法。通过层次分析法和熵权法分别求得各项决策指标的主观权重和客观权重后，对主观权重和客观权重进行组合，得到各项决策指标的综合权重：

$$\omega_j = \alpha\omega_{1j} + \beta\omega_{2j} \qquad 式（6-17）$$

式（6-17）中：ω_{1j}和ω_{2j}分别表示第j项决策指标的主观权重和客观权重，α、β分别表示主观权重和客观权重的系数，$\alpha>0$，$\beta>0$，且$\alpha+\beta=1$。参考Yi等学者的研究，α、β分别取0.6和0.4[83]。

6.2.3 基于PROMETHEE-II方法的发电侧储能技术排序

（1）方法选择的依据。常用的多准则决策方法有加权和法、优劣解距离法、消去与选择转换评价法和偏好顺序结构评估法等[152]。加权和法适用于处理单维问题，不能综合多个偏好；优劣解距离法适用于指标间没有很大差异的情况，缺乏对距离重要程度的判别；消去与选择转换评价法计算烦琐，不能充分利用决策矩阵信息[152-154]。偏好顺序结构评估法不仅克服了上述方法的缺点，还具有以下优点：一是通过备选方案的净流量建立了备选方案间的完全偏好关系；二是每个备选方案的各项指标都与其他备选方案的指标进行了比较，保证了最终排序结果的合理性、稳定性和可靠性[155]。

可再生能源发电侧储能技术路径选择涉及经济、环境、技术、社会和资源等多项指标，是一个多准则决策问题[156]。偏好顺序结构评估法可以有效解决多准则下的方案选择问题，为企业的投资决策提供依据。因此，偏好顺序结构评估法更加符合可再生能源发电侧储能技术路径选择需求[90]。由于偏好顺序结构评估法无法有效处理模糊性与不确定性较强的语义变量，因此本书引入区间二型梯形模糊集对决策指标进行转换，构建了基于区间二型梯形模糊偏好顺序结构评估法的可再生能源发电侧储能技术路径选择模型。

（2）偏好顺序结构评估法。偏好顺序结构评估法（PROMETHEE）由 Brans 在 1985 年首次提出，是一种基于"级别高于关系"的多准则决策方法[157]，之后 PROMETHEE 方法被拓展为许多不同的形式，如 PROMETHEE-I 和 PROMETHEE-II 等，其中应用最广泛的是基于偏好函数的 PROMETHEE-II 方法。PROMETHEE-II 方法由 Brans、Vincke 和 Mareschal 在 1986 年提出[158]，基本思想是在构建偏好函数的基础上，通过偏好函数值确定备选方案间的优势关系，最终通过净流量来判断各备选方案的优先程度[120]。目前，该方法在储能项目投资决策、选址布局、产品及供应商选择和能源系统可持续性评价等领域得到了广泛的应用[83,159,160]。PROMETHEE-II 方法的应用步骤如下[155]：

1）确定决策指标间的距离。

$$d_j(X_i, X_k) = f_j(X_i) - f_j(X_k) \qquad 式（6-18）$$

式（6-18）中：$d_j(X_i, X_k)$ 表示备选方案 X_i 和 X_k 决策指标间的距离，$f_j(X_i)$ 和 $f_j(X_k)$ 分别表示备选方案 X_i 和 X_k 在准则 j 上的决策指标值。

2）选择偏好函数，确定每个决策准则的偏好函数值。

$$P_j(X_i, X_k) = P_j(f_j(X_i) - f_j(X_k)) = P_j(d_j) \qquad 式（6-19）$$

式（6-19）中：$P_j(X_i, X_k)$ 是第 j 个准则的偏好函数值，表示从准则 j 的角度看，备选方案 X_i 优于 X_k 的程度。针对不同类型指标的特点，Brans 和 Vincke 提出了六种偏好函数[157]。

Form 1：常用标准

$$P(d)=\begin{cases}0 & d\leqslant 0\\1 & d>0\end{cases}$$
式（6-20）

Form 2：U-shape 标准

$$P(d)=\begin{cases}0 & d\leqslant q\\1 & d>q\end{cases}$$
式（6-21）

Form 3：V-shape 标准

$$P(d)=\begin{cases}0 & d\leqslant 0\\\dfrac{d}{p} & 0<d\leqslant p\\1 & d>p\end{cases}$$
式（6-22）

Form 4：等级标准

$$P(d)=\begin{cases}0 & d\leqslant q\\\dfrac{1}{2} & q<d\leqslant p\\1 & d>p\end{cases}$$
式（6-23）

Form 5：V-shape 无差别标准

$$P(d)=\begin{cases}0 & d\leqslant q\\\dfrac{d-q}{p-q} & q<d\leqslant p\\1 & d>p\end{cases}$$
式（6-24）

Form 6：高斯标准

$$P(d)=\begin{cases}0 & d\leqslant 0\\1-e^{\frac{-d^2}{2\sigma^2}} & d>0\end{cases}$$
式（6-25）

式（6-24）中：q 表示无差异阈值，p 表示绝对偏好阈值，d 表示介于"无差异阈值 q"和"绝对偏好阈值 p"之间的某一数值。

3）确定备选方案两两比较的优先指数。

$$\prod (X_i,\ X_k) = \frac{\sum\limits_{j=1}^{m} \omega_j P_j(X_i,\ X_k)}{\sum\limits_{j=1}^{m} \omega_j}$$

式 (6-26)

式 (6-26) 中：$\prod(X_i,\ X_k)$ 是优先指数，表示决策者同时考虑所有的准则时，备选方案 X_i 与 X_k 之间的优先强度。

4）确定备选方案 X_i 的正流量和负流量。

$$\phi^+(X_i) = \sum_{k=1}^{m} \prod (X_i,\ X_k)$$

式 (6-27)

$$\phi^-(X_i) = \sum_{k=1}^{m} \prod (X_k,\ X_i)$$

式 (6-28)

式 (6-27)、式 (6-28) 中：$\phi^+(X_i)$ 表示备选方案 X_i 优于其他所有方案的程度，$\phi^-(X_i)$ 表示其他所有方案优于备选方案 X_i 的程度。

5）确定备选方案 X_i 的净流量。

$$\phi(X_i) = \phi^+(X_i) - \phi^-(X_i)$$

(6-29)

6）对备选方案进行排序。根据净流量值对所有备选方案进行排序，净流量越大，说明对应的技术方案越优。

6.3 可再生能源发电侧储能技术路径选择模型的应用框架

本书构建了基于区间二型梯形模糊集 PROMETHEE-II 的可再生能源发电侧储能技术路径选择框架，如图 6-4 所示。

阶段一：确定要评估的可再生能源发电侧储能技术。本书评估的可再生能源发电侧储能技术有四种，分别是抽水蓄能、压缩空气储能、磷酸铁锂电池储能和风电电解水制氢。

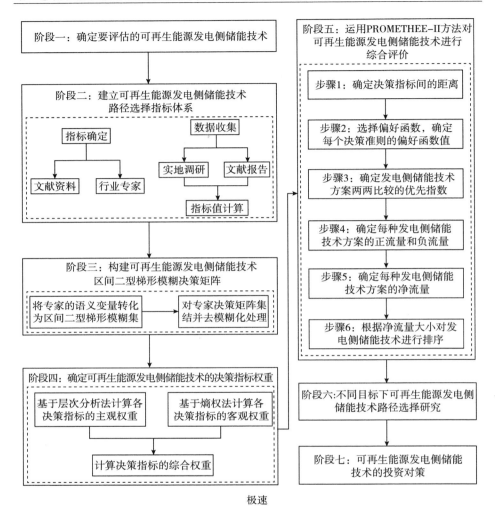

图6-4 可再生能源发电侧储能技术路径选择框架

阶段二：建立可再生能源发电侧储能技术路径选择指标体系。通过文献回顾和专家咨询等方式，总结关于可再生能源发电和储能技术路径选择的相关指标，结合本书，构建可再生能源发电侧储能技术路径选择指标体系。在此基础上，根据本书第3章、第4章和第5章的研究结果，结合实地调研、行业报告以及文献研究，获得关于可再生能源发电侧储能技术的基础数据。

阶段三：构建可再生能源发电侧储能技术区间二型梯形模糊决策矩阵。

（1）将专家的语义变量转换为区间二型梯形模糊集。第 k 位专家的区间二型梯形模糊决策矩阵如下：

$$D^k = (\tilde{\tilde{d}}_{ij}^k) = \begin{bmatrix} \tilde{\tilde{d}}_{11}^k & \tilde{\tilde{d}}_{12}^k & \tilde{\tilde{d}}_{13}^k & \cdots & \tilde{\tilde{d}}_{1n}^k \\ \tilde{\tilde{d}}_{21}^k & \tilde{\tilde{d}}_{22}^k & \tilde{\tilde{d}}_{23}^k & \cdots & \tilde{\tilde{d}}_{2n}^k \\ \vdots & \vdots & \vdots & \ddots & \vdots \\ \tilde{\tilde{d}}_{m1}^k & \tilde{\tilde{d}}_{m2}^k & \tilde{\tilde{d}}_{m3}^k & \cdots & \tilde{\tilde{d}}_{mn}^k \end{bmatrix} \qquad \text{式（6-30）}$$

式（6-30）中：$1 \leqslant i \leqslant m$，$1 \leqslant j \leqslant n$，$1 \leqslant k \leqslant t$。

（2）采用几何平均法对 t 位专家的决策矩阵进行集结，将集结后的区间二型模糊决策矩阵进行去模糊化处理。

$$\overline{D} = (\tilde{\tilde{d}}_{ij}) = \begin{bmatrix} \tilde{\tilde{d}}_{11} & \tilde{\tilde{d}}_{12} & \tilde{\tilde{d}}_{13} & \cdots & \tilde{\tilde{d}}_{1n} \\ \tilde{\tilde{d}}_{21} & \tilde{\tilde{d}}_{22} & \tilde{\tilde{d}}_{23} & \cdots & \tilde{\tilde{d}}_{2n} \\ \vdots & \vdots & \vdots & \ddots & \vdots \\ \tilde{\tilde{d}}_{m1} & \tilde{\tilde{d}}_{m2} & \tilde{\tilde{d}}_{m3} & \cdots & \tilde{\tilde{d}}_{mn} \end{bmatrix} \qquad \text{式（6-31）}$$

阶段四：确定可再生能源发电侧储能技术的决策指标权重。分别采用层次分析法和熵权法确定决策指标的主观权重和客观权重，在此基础上，利用综合赋权法确定决策指标的综合权重。

阶段五：运用 PROMETHEE-II 方法对可再生能源发电侧储能技术进行综合评价。确定每种发电侧储能技术的正流量和负流量，根据净流量的大小对发电侧储能技术进行排序，确定最优技术路径方案。

阶段六：不同目标下可再生能源发电侧储能技术路径选择研究。本书分析了企业单一目标和多目标组合对可再生能源发电侧储能技术路径选择的影响。

第七阶段：可再生能源发电侧储能技术的投资对策。从企业视角出发，围绕可再生能源发电侧储能技术的经济效益、环境效益、投资风险和技术路径的选择四个方面提出了可再生能源发电侧储能技术的投资对策。

6.4 本章小结

本章主要构建了可再生能源发电侧储能技术路径选择模型。首先，从经济、环境、技术、社会和资源五个维度建立了可再生能源发电侧储能技术路径选择指标体系。其次，阐述了决策指标值转换方法、决策指标权重确定方法和和发电侧储能技术排序方法的选择依据，详细介绍了区间二型梯形模糊集和 PROMETHEE-II 方法，在此基础上，构建了考虑模糊性与不确定性的可再生能源发电侧储能技术路径选择模型。最后，对可再生能源发电侧储能技术路径选择模型的应用框架进行了详细介绍。

第7章 可再生能源发电侧储能技术路径选择与对策研究

本章基于可再生能源发电侧储能技术路径选择模型，对可再生能源发电侧储能技术路径的选择及对策进行了研究，确定了经济、环境、技术、社会和资源综合视角下的可再生能源发电侧储能技术路径方案，分析了企业单一目标和多目标组合对可再生能源发电侧储能技术路径选择的影响，提出了可再生能源发电侧储能技术的投资对策。

7.1 可再生能源发电侧储能技术路径的对比分析

面对复杂多变的市场需求，选择合适的储能技术对可再生能源发电企业的发展至关重要。本书利用基于区间二型梯形模糊集的 PROMETHEE-II 可再生能源发电侧储能技术路径选择模型对储能技术进行综合评价并确定最佳的技术路径方案。假设企业所在地区具备抽水蓄能电站和压缩空气储能电站建造的地形和地质条件。

7.1.1 可再生能源发电侧储能技术的综合评价

（1）收集不同可再生能源发电侧储能技术的指标参数。抽水蓄能、压缩空气储能、磷酸铁锂电池储能和风电电解水制氢四种可再生能源发电侧储能技术的指标参数如表7-1所示。

表 7-1 可再生能源发电侧储能技术的指标参数

指标	抽水蓄能	压缩空气储能	磷酸铁锂电池储能	风电电解水制氢	单位
EC_1	0.132	0.209	0.423	0.046	元/MJ
EC_2	20.719	151.939	0.138	0.076	元/（kW·年）
EC_3	40~60	20~40	5~20	15~20	年
EV_1	2.763	1.997	36.219	1.664	g/MJ
EV_2	0.004	0.008	0.028	0.007	g/MJ
EV_3	0.004	0.003	0.003	0.003	g/MJ
TE_1	0.500~1.500	30~60	75~265	0.500~3000	Wh/kg
TE_2	85	70	80	40	%
TE_3	0~0.020	0~1	0.090~0.360	0	%/天
TE_6	0.456	0.538	0.586	0.679	0~1
RE_1	0.054	0.008	0.006	0.008	m²/MJ
RE_2	5.74E-16	1.79E-15	4.12E-15	6.67E-14	kg Sb eq.
RE_3	1.18E-15	6.57E-16	1.47E-14	2.39E-14	MJ
SC_1	0.150	0.180	0.200	0.380	kg 1, 4 Dichloro-benzene eq. /kWh

数据来源：EC_1、EV_1、EV_2、EV_3、TE_6、RE_2 和 RE_3 指标数据由本书第3章，第4章和第5章计算得出，其他指标数据来自参考文献[43,69,89,99,118,119]。

（2）构建可再生能源发电侧储能技术的区间二型梯形模糊决策矩阵。基于不同可再生能源发电侧储能技术的决策指标参数，建立原始数据评价矩阵，并进行归一化处理。邀请对可再生能源发电和储能技术有深入了解、具有相关行业工作经验的专家对发电侧储能技术具有模糊性的指标做出评价。按照语义变量与区间二型梯形模糊集的转换规则，将包含语义变量的专家决策矩阵转换为区间二型梯形模糊决策矩阵，不同专家的决策矩阵集结之后，进行去模糊化处理，得到最终标准化决策矩阵。以风电电解水制氢技术为例，最终标准化决策矩阵如表 7-2 所示。

表 7-2　风电电解水制氢技术的标准化决策矩阵

指标	标准化决策矩阵
EC_1	{(0.5962, 0.5962, 0.5962, 0.5962; 1.0, 1.0), (0.5962, 0.5962, 0.5962, 0.5962; 1.0, 1.0)}
EC_2	{(0.4651, 0.4651, 0.4651, 0.4651; 1.0, 1.0), (0.4651, 0.4651, 0.4651, 0.4651; 1.0, 1.0)}
EC_3	{(0.1628, 0.1628, 0.1628, 0.1628; 1.0, 1.0), (0.1628, 0.1628, 0.1628, 0.1628; 1.0, 1.0)}
EV_1	{(0.4031, 0.4031, 0.4031, 0.4031; 1.0, 1.0), (0.4031, 0.4031, 0.4031, 0.4031; 1.0, 1.0)}
EV_2	{(0.2572, 0.2572, 0.2572, 0.2572; 1.0, 1.0), (0.2572, 0.2572, 0.2572, 0.2572; 1.0, 1.0)}
EV_3	{(0.2840, 0.2840, 0.2840, 0.2840; 1.0, 1.0), (0.2840, 0.2840, 0.2840, 0.2840; 1.0, 1.0)}
EV_4	{(0.0000, 0.1442, 0.1442, 0.3557; 1.0, 1.0), (0.0794, 0.1442, 0.1442, 0.2520; 0.9, 0.9)}
TE_1	{(0.8741, 0.8741, 0.8741, 0.8741; 1.0, 1.0), (0.8741, 0.8741, 0.3741, 0.8741; 1.0, 1.0)}
TE_2	{(0.1455, 0.1455, 0.1455, 0.1455; 1.0, 1.0), (0.1455, 0.1455, 0.1455, 0.1455; 1.0, 1.0)}
TE_3	{(0.9038, 0.9038, 0.9038, 0.9038; 1.0, 1.0), (0.9038, 0.9038, 0.9038, 0.9038; 1.0, 1.0)}
TE_4	{(0.0000, 0.1000, 0.1000, 0.3000; 1.0, 1.0), (0.0500, 0.1000, 0.1000, 0.2000; 0.9, 0.9)}
TE_5	{(0.0000, 0.1442, 0.1442, 0.3557; 1.0, 1.0), (0.0794, 0.1442, 0.1442, 0.2520; 0.9, 0.9)}
TE_6	{(0.2037, 0.2037, 0.2037, 0.2037; 1.0, 1.0), (0.2037, 0.2037, 0.2037, 0.2037; 1.0, 1.0)}

指标	标准化决策矩阵
SC_1	$\{(0.1325, 0.1325, 0.1325, 0.1325; 1.0, 1.0), (0.1325, 0.1325, 0.1325, 0.1325; 1.0, 1.0)\}$
SC_2	$\{(0.5593, 0.7612, 0.7612, 0.9322; 1.0, 1.0), (0.6604, 0.7612, 0.7612, 0.8472; 0.9, 0.9)\}$
SC_3	$\{(0.6804, 0.8573, 0.8573, 0.9655; 1.0, 1.0), (0.7697, 0.8573, 0.8573, 0.9126; 0.9, 0.9)\}$
RE_1	$\{(0.2777, 0.2777, 0.2777, 0.2777; 1.0, 1.0), (0.2777, 0.2777, 0.2777, 0.2777; 1.0, 1.0)\}$
RE_2	$\{(0.0059, 0.0059, 0.0059, 0.0059; 1.0, 1.0), (0.0059, 0.0059, 0.0059, 0.0059; 1.0, 1.0)\}$
RE_3	$\{(0.0168, 0.0168, 0.0168, 0.0168; 1.0, 1.0), (0.0168, 0.0168, 0.0168, 0.0168; 1.0, 1.0)\}$

数据来源：笔者计算得出。

（3）确定可再生能源发电侧储能技术指标的权重。按照决策指标权重的确定方法，最终可再生能源发电侧储能技术指标的权重如表7-3所示。

表7-3　可再生能源发电侧储能技术指标的权重

一级指标	一级指标权重	二级指标	主观权重	客观权重	综合权重
C_1	0.484	EC_1	0.326	0.059	0.219
		EC_2	0.049	0.053	0.050
		EC_3	0.109	0.030	0.078
C_2	0.130	EV_1	0.069	0.045	0.060
		EV_2	0.035	0.029	0.033
		EV_3	0.016	0.001	0.010
		EV_4	0.010	0.046	0.024
C_3	0.245	TE_1	0.016	0.180	0.082
		TE_2	0.023	0.007	0.016
		TE_3	0.009	0.201	0.086
		TE_4	0.061	0.049	0.056
		TE_5	0.045	0.025	0.037
		TE_6	0.092	0.002	0.056

续表

一级指标	一级指标权重	二级指标	主观权重	客观权重	综合权重
C_4	0.055	SC_1	0.013	0.009	0.011
		SC_2	0.007	0.001	0.005
		SC_3	0.036	0.018	0.029
C_5	0.087	RE_1	0.007	0.034	0.018
		RE_2	0.023	0.104	0.055
		RE_3	0.056	0.106	0.076

数据来源：笔者计算得出。

由表 7-3 可知，可再生能源发电侧储能技术路径的选择主要受经济因素的影响，在经济维度下，首先，平准化电力成本是最重要的因素，其次是寿命和运维成本。第二个重要的影响因素是技术因素，在技术维度下，自放电率、功率密度、技术成熟度和投资风险是重要的影响因素。在环境维度下，首先，CO_2 排放是最重要的因素，其次是 SO_2 排放和生态资源破坏。可再生能源发电侧储能技术路径的选择也会受资源因素的影响，尤其是受化石能源消耗和矿产资源消耗的影响。社会因素对可再生能源发电侧储能技术路径的选择影响最小。

（4）运用 PROMETHEE-II 方法对可再生能源发电侧储能技术进行综合评价。本书偏好函数的选择参照 Wu 等（2020）的研究[90]，即经济维度采用U-shape 标准，技术维度采用等级标准，环境、社会和资源维度采用常用标准。偏好函数和变量的选取如表 7-4 所示。

表 7-4　偏好函数和变量的选取

一级指标	偏好函数	二级指标	参数	
			p	q
C_1	U-shape 标准	EC_1	–	0.070
		EC_2	–	0.150
		EC_3	–	0.100

可再生能源发电侧储能技术的效益评价与路径选择研究

续表

一级指标	偏好函数	二级指标	参数	
			p	q
C₂	常用标准	EV₁	–	–
		EV₂	–	–
		EV₃	–	–
		EV₄	–	–
C₃	等级标准	TE₁	0.080	−0.080
		TE₂	0.040	−0.040
		TE₃	0.050	−0.050
		TE₄	0.200	−0.200
		TE₅	0.150	−0.150
		TE₆	0.040	−0.040
C₄	常用标准	SC₁	–	–
		SC₂	–	–
		SC₃	–	–
C₅	常用标准	RE₁	–	–
		RE₂	–	–
		RE₃	–	–

7.1.2 可再生能源发电侧储能技术路径的对比

利用基于区间二型梯形模糊集的 PROMETHEE-II 可再生能源发电侧储能技术路径选择模型，本书计算了抽水蓄能、压缩空气储能、磷酸铁锂电池储能和风电电解水制氢的正流量、负流量和净流量，如表 7-5 所示。

表 7-5　可再生能源发电侧储能技术的正流量、负流量和净流量值

储能技术	正流量	负流量	净流量	排序
抽水蓄能	1.371	(0.498)	0.872	1
压缩空气储能	0.624	(0.843)	(0.219)	3

· 156 ·

续表

储能技术	正流量	负流量	净流量	排序
磷酸铁锂电池储能	0.171	(1.400)	(1.229)	4
风电电解水制氢	1.615	(1.040)	0.575	2

数据来源：笔者计算得出。

根据 PROMETHEE-II 评价结果，综合考虑经济、环境、技术、社会和资源指标，最优选择顺序为抽水蓄能、风电电解水制氢、压缩空气储能和磷酸铁锂电池储能。

物理储能中抽水蓄能比压缩空气储能更具有优势，这是因为抽水蓄能技术作为一种成熟的、适合大规模建设的储能技术，在平准化电力成本、寿命、综合效率、成熟度、安全性、投资风险方面优于压缩空气储能。因此，抽水蓄能成为解决可再生能源弃电的重要发展方向。风电电解水制氢的综合效率、成熟度和安全性较低，但风电电解水制氢在环境和社会方面具有强大的优势，CO_2 排放、PM 排放和生态资源破坏均最低，而且能创造更多的就业机会，社会接受度较高。未来随着风电电解水制氢技术不断进步，风电电解水制氢将在可再生能源系统中发挥越来越重要的作用。磷酸铁锂电池储能具有能量密度大、综合效率高、土地利用强度低等特点，近年来得到了迅速发展，但其平准化电力成本、CO_2 排放和 SO_2 排放均高于其他三种储能技术。

如图 7-1 所示，从各维度看，经济效益和环境效益方面。首先，风电电解水制氢的效益最高，其次是抽水蓄能，磷酸铁锂电池储能的经济效益和环境效益最差。技术方面，首先，抽水蓄能性能最高，其次是风电电解水制氢。社会效益方面，风电电解水制氢和压缩空气储能的效益高于抽水蓄能和磷酸铁锂电池储能。资源利用方面，首先，压缩空气储能的效益最高，其次是抽水蓄能，风电电解水制氢的效益最差，这是因为四种储能技术中，风电电解水制氢生命周期中矿产资源和化石能源的消耗量最大。

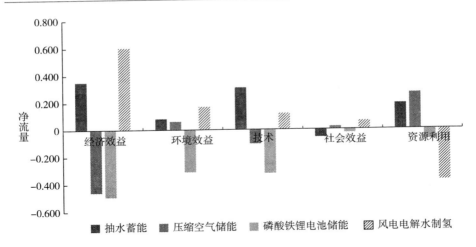

图 7-1　可再生能源发电侧储能技术各维度的净流量比较

数据来源：笔者计算得出。

目前大部分可再生能源发电企业更多关注的是经济效益指标和技术指标，往往忽略了环境效益指标、社会效益指标和资源指标。随着全球环境污染问题的日益严重以及化石资源的进一步枯竭，决策者对储能技术的环境效益、社会效益和资源利用情况将更加重视。在环境效益和社会效益方面表现更好的风电电解水制氢技术以及在资源利用方面表现更好的压缩空气储能技术，将在可再生能源发电侧场景中得到更多关注。

7.2　不同目标下可再生能源发电侧储能技术路径选择研究

可再生能源发电企业在确定储能技术路径时，不仅需要考虑储能技术在经济、环境、技术、社会、资源利用等方面的特性，还需要结合企业自身的发展目标。本书从单一目标和多目标组合两方面对可再生能源发电侧储能技术路径的选择进行了研究。

7.2.1　单一目标下可再生能源发电侧储能技术路径的选择

根据企业的发展目标，本书设置了如下情景：经济效益优先情景（S_1）、绿色发展优先情景（S_2）、技术优先情景（S_3）、社会效益优先情景（S_4）和资源节约优先情景（S_5）。不同发展目标下决策指标权重的确定方法参考 Roinioti 等（2019）和 Tarpani 等（2023）的研究[161,162]，结果如图 7-2 所示。

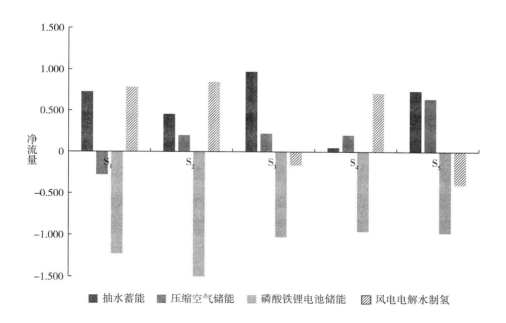

图 7-2　单一目标下可再生能源发电侧储能技术的净流量

数据来源：笔者计算得出。

不同发展目标下可再生能源发电侧储能技术的净流量发生了变化，技术路径的选择也发生了相应的变化。

当企业考虑经济效益优先时，可再生能源发电侧储能技术的最优选择顺序为风电电解水制氢、抽水蓄能、压缩空气储能和磷酸铁锂电池储能。风电电解水制氢成为排名第一的技术选择，这是因为四种发电侧储能技术中，风电电解水制氢的平准化成本最低，而且运维成本也最低。

当企业考虑绿色发展优先时，可再生能源发电侧储能技术的最优选择顺序为风电电解水制氢、抽水蓄能、压缩空气储能和磷酸铁锂电池储能。这是因为风电电解水制氢的 CO_2 和 SO_2 排放量最低，对生态资源的破坏程度最低。因此，风电电解水制氢技术更适合注重绿色发展的企业。

当企业考虑技术优先时，可再生能源发电侧储能技术的最优选择顺序为抽水蓄能、压缩空气储能、风电电解水制氢和磷酸铁锂电池储能。这是因为抽水蓄能和压缩空气储能在成熟度、安全性以及投资风险方面优于风电电解水制氢和磷酸铁锂电池储能。

当企业考虑社会效益优先时，可再生能源发电侧储能技术的最优选择顺序为风电电解水制氢、压缩空气储能、抽水蓄能和磷酸铁锂电池储能。这是因为风电电解水制氢和压缩空气储能的社会接受度高、创造的就业机会多。

当企业考虑资源节约优先时，可再生能源发电侧储能技术的最优选择顺序为抽水蓄能、压缩空气储能、风电电解水制氢和磷酸铁锂电池储能。在四种发电侧储能技术中，抽水蓄能和压缩空气储能的矿产资源和化石能源消耗量最低。因此，资源节约优先目标下，抽水蓄能和压缩空气储能成为较好的技术选择。

7.2.2　多目标组合下可再生能源发电侧储能技术路径选择

考虑到企业可能采取多目标组合策略，本书将企业的单一目标进行配对组合，具体情景设置如下（见图 7-3）：经济效益优先 & 绿色发展优先情景（S_1&S_2）、经济效益优先 & 技术优先情景（S_1&S_3）、经济效益优先 & 社会效益优先情景（S_1&S_4）、经济效益优先 & 资源节约优先情景（S_1&S_5）、绿色发展优先 & 技术优先情景（S_2&S_3）、绿色发展优先 & 社会效益优先情景（S_2&S_4）、技术优先 & 社会效益优先情景（S_3&S_4）、绿色发展优先 & 资源节约优先情景（S_2&S_5）、技术优先 & 资源节约优先情景（S_3&S_5）、社会效益优先 & 资源节约优先情景（S_4&S_5）。

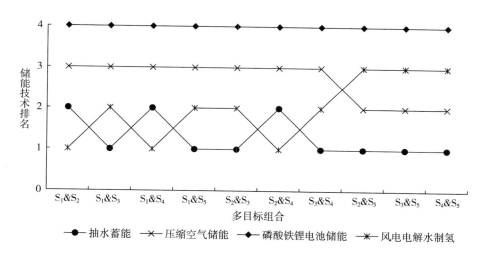

图 7-3　多目标组合下可再生能源发电侧储能技术路径选择

数据来源：笔者计算得出。

通过对企业不同发展目标进行配对组合发现，大部分情景下，抽水蓄能是最优的技术选择，只有在 S_1&S_2 情景、S_1&S_4 情景和 S_2&S_4 情景中，风电电解水制氢取代抽水蓄能，成为最优的技术选择，这是因为风电电解水制氢的环境效益和社会效益高于抽水蓄能。在 S_2&S_5 情景、S_3&S_5 情景和 S_4&S_5 情景中，当企业注重资源节约时，压缩空气储能成为仅次于抽水蓄能的技术选择，风电电解水制氢的排名降到第三，这是因为四种发电侧储能技术中，风电电解水制氢的矿产资源和化石能源消耗量最高。磷酸铁锂电池储能始终是最差的技术选择，这是因为磷酸铁锂电池储能生命周期中 CO_2 和

SO_2 的排放量最高，而且矿产资源和化石能源消耗量高、储能成本高、自放电率高、投资风险高、安全性低。

7.3 可再生能源发电侧储能技术路径选择的敏感性分析

为了充分验证可再生能源发电侧储能技术路径选择指标体系的适用性和模型的有效性，本书进行了敏感性分析。具体做法如下：将决策指标权重设置为参照组和 $G_1 \sim G_5$ 组，其中参照组表示指标权重采用第 6 章中主客观综合赋权法确定的权重，$G_1 \sim G_5$ 组分别表示经济、环境、技术、社会和资源维度的指标权重比参照组上下浮动 10%、20% 和 30%。各维度指标权重发生变化后，可再生能源发电侧储能技术的净流量也发生了变化，如图 7-4 所示。

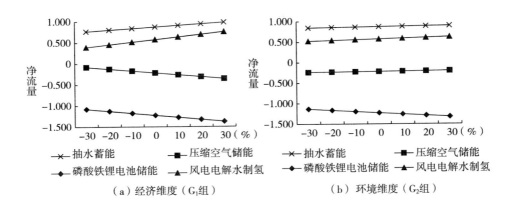

（a）经济维度（G_1 组）　　（b）环境维度（G_2 组）

图 7-4　不同维度下可再生能源发电侧储能技术的敏感性分析

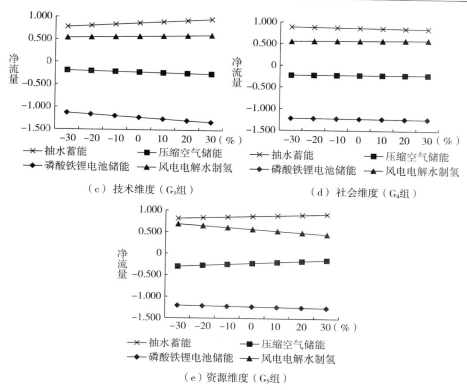

（c）技术维度（G₃组）　　　（d）社会维度（G₄组）

（e）资源维度（G₅组）

图7-4　不同维度下可再生能源发电侧储能技术的敏感性分析（续）

数据采源：笔者计算得出。

　　由图7-4可知，当决策指标权重在-30%~30%范围内浮动时，代表储能技术相对优先级的净流量随决策指标权重的变化发生了变化。

　　当经济维度指标权重从-30%增加到30%时，抽水蓄能和风电电解水制氢的净流量不断增加，而且净流量之间的差异逐步缩小，表明随着经济维度权重的增加，这两种技术的优势度不断提高，风电电解水制氢逐渐超过抽水蓄能，成为排名第一的技术选择。压缩空气储能和磷酸铁锂电池储能的净流量不断下降，这是因为随着经济维度权重的增加，压缩空气储能和磷酸铁锂电池储能的成本劣势越来越明显。

当环境维度指标权重从-30%增加到30%时，风电电解水制氢的净流量不断增加，磷酸铁锂电池储能的净流量不断下降，抽水蓄能和压缩空气储能的净流量基本不变。这说明随着环境维度指标权重的增加，风电电解水制氢在环境效益方面的优势更加明显，而磷酸铁锂电池储能由于生命周期中CO_2和SO_2的排放量较高，其优势度在不断下降。

当技术维度指标权重从-30%增加到30%时，抽水蓄能和风电电解水制氢的净流量不断增加，而且差异逐步扩大，这是因为抽水蓄能在综合效率、成熟度、安全性和投资风险方面均优于风电电解水制氢。压缩空气储能的净流量基本不变，磷酸铁锂电池储能的净流量不断下降，这是因为磷酸铁锂电池储能的自放电率高、安全性低、投资风险高。

当社会维度指标权重从-30%增加到30%时，四种可再生能源发电侧储能技术的净流量变化幅度很小，表明可再生能源发电侧储能技术的净流量对社会维度指标的权重变化不太敏感。

当资源维度指标权重从-30%增加到30%时，风电电解水制氢的净流量不断下降，这是因为风电电解水制氢对矿产资源和化石能源的消耗量较大，随着资源维度指标权重的增加，风电电解水制氢在资源利用方面的劣势越来越明显。

由上述分析可知，当决策指标权重在-30%~30%范围内浮动时，四种可再生能源发电侧储能技术的排序结果都一致，抽水蓄能始终是排名第一的技术选择，其次是风电电解水制氢、压缩空气储能和磷酸铁锂电池储能。以上结果表明本书构建的可再生能源发电侧储能技术路径选择指标体系具有较强的适用性，也进一步表明本书采用的区间二型梯形模糊集和PROMETHEE-II方法能够输出较稳定的结果，验证了评价模型的可靠性和稳定性，有利于可再生能源发电企业在复杂的决策环境中确定最佳技术路径。

7.4 可再生能源发电侧储能技术的投资对策

本书提出了可再生能源发电侧储能技术的投资对策，包括四个方面：提高可再生能源发电侧储能技术的经济效益；降低可再生能源发电侧储能技术的环境影响；降低可再生能源发电侧储能技术的投资风险，提高可再生能源发电侧储能技术路径选择的灵活性。

7.4.1 提高可再生能源发电侧储能技术的经济效益

通过对可再生能源发电侧储能技术经济效益的研究，发现导致可再生能源发电侧储能技术经济效益较低的原因有两点：一是可再生能源发电侧储能技术的成本较高，二是可再生能源发电侧储能技术的收益来源单一。因此，本书从以下两方面提出了提高可再生能源发电侧储能技术经济效益的相关建议。

（1）促进发电侧储能技术进步，降低可再生能源发电侧储能技术的投资成本。可再生能源发电企业一方面通过加大储能技术的研发投入，加强原始创新，掌握储能技术自主知识产权，促进发电侧储能技术进步，另一方面支持变革性储能技术的研究以及相应储能技术的产业化应用研究，加快成果转化，提高储能技术的性价比，利用技术进步强化规模效应，促进可再生能源发电侧储能技术投资成本的下降。

（2）积极参与辅助服务市场，拓宽可再生能源发电侧储能的收益来源。可再生能源发电企业通过积极参与辅助服务市场，将发电侧储能提供的调峰、调频等辅助服务收益通过市场化方式体现出来，充分发挥储能的多重应用价值，鼓励多元化的交易方式，多渠道拓宽可再生能源发电侧储能的收益来源，有效提高可再生能源发电侧储能的经济效益。

7.4.2 降低可再生能源发电侧储能技术的环境影响

通过对可再生能源发电侧储能技术生命周期中大气特征物质排放、生态环境影响和资源消耗的研究，本书从制定污染防治方案、关注污染物排放的关键阶段等方面提出了降低可再生能源发电侧储能技术环境影响的相关建议。

（1）制定污染防治方案，加强环境监测与管理。在可再生能源发电侧储能建设前期，需要考虑可再生能源发电侧储能可能给周围生态环境带来的影响，通过事先的调研评估，制定污染防治方案，将潜在的环境影响降到最低。在可再生能源发电侧储能建设阶段和运营维护阶段，对全过程环境数据进行在线采集与标记，加强环境监测与管理，对造成的环境影响进行及时修复与补偿。

（2）关注污染物排放的关键阶段，降低高敏感度材料的使用。压缩空气储能和风电电解水制氢的环境影响主要发生在运行阶段，可以通过提高系统运行效率、降低储能设备能耗和加强尾气处理等措施降低污染物排放。抽水蓄能和磷酸铁锂电池储能的环境影响主要发生在生产阶段，可以采取改进生产工艺、推广低碳技术和提高能源利用效率等措施。另外，可再生能源发电企业需要重点关注和降低储能技术环境效益高敏感度材料的使用量，积极寻找环保替代材料。

7.4.3 降低可再生能源发电侧储能技术的投资风险

通过对可再生能源发电侧储能技术投资风险的研究，本书从关注高风险指标、提出相应的风险防范措施、加强全生命周期风险管理、设置项目风险预警系统等方面，提出了降低可再生能源发电侧储能技术投资风险的相关建议。

（1）重点关注高风险指标。可再生能源发电侧储能面临的高风险是技术风险、管理风险和环境风险，企业在投资决策中需要重视这三类风险，重点关注设计变更、技术进步、安全可靠性、进度管理和可再生资源不确定性等风险。企业需要针对上述风险提出相应的风险防范措施，例如，加强对设计变更的监督与管理、优化发电系统和储能系统的施工工艺、对施工顺序进行合理安排，确保不同系统之间的施工能有效衔接。

（2）加强全生命周期风险管理，设置项目风险预警系统。为了对可再生能源发电侧储能进行有效的风险管理，风险识别、风险评估、风险应对和风险监控应该贯穿可再生能源发电侧储能的建设前期、建设阶段和运行维护等全生命周期。同时，可再生能源发电企业需要建立可再生能源发电侧储能项目风险预警系统，对各个阶段的风险因素变动情况进行监控，一旦发生异常，能够及时采取措施。

7.4.4　提高可再生能源发电侧储能技术路径选择的灵活性

通过对可再生能源发电侧储能技术路径选择的研究，本书从立足近期策略、展望长期发展，结合企业发展目标制定灵活的技术路径等方面，提出了提高可再生能源发电侧储能技术路径选择灵活性的相关建议。

（1）立足近期策略、展望长期发展。

抽水蓄能和风电电解水制氢优势明显，是可再生能源发电企业储能技术选择的重点，还可兼以适当比例的压缩空气储能和磷酸铁锂电池储能。随着规模化效应和技术进步，未来风电电解水制氢在经济、环境和社会方面的优势将更加明显，压缩空气储能在资源利用方面的优势也将逐渐显现出来，长期来看，可再生能源发电企业可以考虑风电电解水制氢等可再生能源电解水制氢技术和压缩空气储能技术。

（2）结合企业发展目标制定灵活的技术路径。

可再生能源发电企业在确定储能技术路径时，除了需要综合考虑储能技术在经济、环境、技术、社会和资源利用等方面的特性，还应结合企业自身的发展目标，制定与企业发展目标相适应的发电侧储能技术路径。同时，根据不同阶段的发展目标，企业需要制定灵活的技术路径，从而满足不同阶段的发展需求。

7.5 本章小结

本章对可再生能源发电侧储能技术路径的选择及对策进行了研究。首先，利用基于区间二型梯形模糊集 PROMETHEE-II 的可再生能源发电侧储能技术路径选择模型，对发电侧储能技术进行综合评价并确定最佳的技术路径。其次，分析了企业单一目标和多目标组合对可再生能源发电侧储能技术路径选择的影响。然后，利用敏感性分析验证了可再生能源发电侧储能技术路径选择指标体系的适用性和模型的有效性。最后，从企业视角出发，提出了可再生能源发电侧储能技术的投资对策。

第8章 结论与展望

本章从可再生能源发电侧储能技术的经济效益、环境效益、投资风险和技术路径的选择四个方面对相关研究结果进行归纳总结，得出本书的研究结论。最后，指出本书的不足，并对未来的研究进行展望。

8.1 研究结论

本书在相关研究的基础上，揭示了可再生能源发电侧储能系统对能源—经济—环境系统的影响机理，建立了兼顾能源、经济、环境、技术与社会多维度的可再生能源发电侧储能技术效益评价与路径选择理论分析框架。在此基础上，本书对可再生能源发电侧储能技术的经济效益、环境效益和投资风险进行研究，构建了可再生能源发电侧储能技术路径选择模型，提出了企业单一目标和多目标组合下的发电侧储能技术路径选择方案。本书的主要研究结论如下：

（1）在可再生能源发电侧储能技术的经济效益方面，平准化成本由低到高依次是风电电解水制氢、抽水蓄能、压缩空气储能和磷酸铁锂电池储能。

不考虑充电电价时，上述四种储能技术的平准化成本主要来源于投资成本和运维成本。考虑充电电价时，抽水蓄能和压缩空气储能的平准化电力成本主要来源于投资成本和充电成本，磷酸铁锂电池储能的平准化电力成本主要来源于投资成本和运维成本，风电电解水制氢的平准化制氢成本主要来源于充电成本和运维成本。从盈利能力角度来看，风电电解水制氢在运营期间可以收回初始资本投资，而且可以获得一定的利润，内部收益率高于我国可再生能源项目的实际折现率。影响风电电解水制氢平准化制氢成本的重要因素首先是技术进步、风电电价和转换器效率，其次是弃电利用率和运维成本。影响风电电解水制氢净现值和内部收益率的重要因素是氢气价格、电解槽能源消耗强度和风电电价。

（2）在可再生能源发电侧储能技术的环境效益方面，大气特征物质排放总量由高到低依次是磷酸铁锂电池储能、抽水蓄能、压缩空气储能和风电电解水制氢。大气特征物质中 CO_2 的排放量最高，抽水蓄能和磷酸铁锂电池储能的 CO_2 排放主要发生在生产阶段，压缩空气储能和风电电解水制氢的 CO_2 排放主要发生在运行阶段。生态环境影响总量由高到低依次是磷酸铁锂电池储能、压缩空气储能、风电电解水制氢和抽水蓄能。磷酸铁锂电池储能的 AP、GWP、POCP、EP、MAETP 和 FAETP 均高于其他三种储能技术。资源消耗总量由高到低依次是风电电解水制氢、磷酸铁锂电池储能、压缩空气储能和抽水蓄能。抽水蓄能和磷酸铁锂电池储能生命周期中化石能源消耗量高于矿产资源消耗量，其中生产阶段的资源消耗量最高。压缩空气储能和风电电解水制氢生命周期中矿产资源消耗量高于化石能源消耗量，其中运行阶段的资源消耗量最高。对抽水蓄能环境效益最敏感的材料是铁、柴油和水泥，对磷酸铁锂电池储能环境效益最敏感的材料是丁苯橡胶、聚偏氟乙烯和磷酸铁锂，对压缩空气储能和风电电解水制氢环境效益最敏感的是电力。

（3）在可再生能源发电侧储能技术的投资风险方面，可再生能源发电侧储能技术的投资风险为中风险。投资风险水平由高到低依次是风电电解水制

氢、磷酸铁锂电池储能、压缩空气储能和抽水蓄能。以风电电解水制氢技术
为例，一级风险指标中，风险由高到低依次是技术风险、管理风险、环境风
险、经济风险、市场风险和政策风险，其中技术风险、管理风险和环境风险
属于高风险，是决策者需要重点关注的风险。二级风险指标中，设计变更、
技术进步和安全可靠性等属于发生概率大、危害程度深的风险因素，融资模
式、盈利能力和技术方案选择等属于发生概率小、危害程度深的风险因素，
施工人工费调整、设备价格变化和规划设计等属于发生概率大、危害程度浅
的风险因素。

（4）在可再生能源发电侧储能技术路径的选择方面，可再生能源发电侧
储能技术的最优选择顺序为抽水蓄能、风电电解水制氢、压缩空气储能和磷
酸铁锂电池储能。未来随着风电电解水制氢技术的不断进步，风电电解水制
氢将在可再生能源发电侧场景中发挥越来越重要的作用。当企业考虑经济效
益优先、绿色发展优先和社会效益优先时，企业会优先选择风电电解水制氢
技术；当企业考虑技术优先和资源节约优先时，抽水蓄能成为最好的技术选
择；当企业采取多目标组合时，大部分情景下抽水蓄能是最优的技术选择，
磷酸铁锂电池储能是最差的技术选择。

8.2　研究展望

本书对可再生能源发电侧储能技术的效益评价与路径选择展开研究，取
得了一定的研究成果，为发电侧储能技术的效益优化奠定了基础，帮助决策
者提高了风险管理水平，为决策者选择合适的技术路径提供了科学的参考。
但是由于数据资料和研究水平的限制，本书存在一些不足，未来将在以下方
面做进一步的研究和改进：

（1）考虑将学习曲线纳入可再生能源发电侧储能技术的成本模型，通过对各种发电侧储能技术学习曲线的合理预测，测算未来发电侧储能技术的成本变化趋势。在此基础上，比较不同发电侧储能技术的成本在时间序列上的竞争性变化。

（2）对可再生能源发电侧储能系统的技术参数和投入产出数据进行动态监测，加强储能企业的实地调研，建立不同地区的储能技术数据资料库，提出更具现实应用价值的研究成果，为可再生能源发电侧储能技术的投资决策提供更精确的参考和建议。

（3）结合区域异质性和电网实际需求场景等因素，按照不同的地理位置、电网结构和电网需求设置相应的场景，例如根据电网需求的不同，可以设置"削峰填谷"和"功率波动平抑"等场景，在此基础上，研究不同场景对可再生能源发电侧储能技术路径选择的影响。

参考文献

［1］姜洪殿，杨倩如，董康银．中国电力行业低碳转型政策的经济-能源-环境影响［J］．中国人口·资源与环境，2022，32（6）：30-40.

［2］邱伟强，王茂春，林振智，等．"双碳"目标下面向新能源消纳场景的共享储能综合评价［J］．电力自动化设备，2021，41（10）：244-255.

［3］林伯强，杨梦琦．碳中和背景下中国电力系统研究现状、挑战与发展方向［J］．西安交通大学学报（社会科学版），2022，42（5）：1-10.

［4］国家能源局．国家能源局组织召开2023年2月份全国可再生能源开发建设形势分析会［EB/OL］．（2023.2.20）［2023.3.10］.http：//www.nea.gov.cn/2023-02/20/c_1310698646.htm.

［5］涂强，莫建雷，范英．中国可再生能源政策演化、效果评估与未来展望［J］．中国人口·资源与环境，2020，30（3）：29-36.

［6］国家能源局．国家能源局2021年一季度网上新闻发布会［EB/OL］．（2021.1.30）［2023.2.27］.http：//www.nea.gov.cn/2021-01/30/c_139708580.htm.

［7］国家能源局．《国家能源局关于2020年风电、光伏发电项目建设有关事项的通知》的解读［EB/OL］．（2020.3.10）［2023.2.27］.http：//www.nea.gov.cn/2020-03/10/c_138862170.htm.

[8] 徐婉迪，魏来，罗俊，等．储能产业发展带来的能源革命及其关键管理科学问题［J］．系统管理学报，2021，30（1）：191-197.

　　[9] 张宝锋，童博，冯仰敏，等．电化学储能在新能源发电侧的应用分析［J］．热力发电，2020，49（8）：13-18.

　　[10] 谢小荣，马宁嘉，刘威，等．新型电力系统中储能应用功能的综述与展望［J］．中国电机工程学报，2023，43（1）：158-169.

　　[11] 曹蕾，郭婷婷，陈坤洋，等．风电耦合制氢技术进展与发展前景［J］．中国电机工程学报，2021，41（6）：2187-2201.

　　[12] 张文建，崔青汝，李志强，等．电化学储能在发电侧的应用［J］．储能科学与技术，2020，9（1）：287-295.

　　[13] Elberry A M, Thakur J, Veysey J. Seasonal hydrogen storage for sustainable renewable energy integration in the electricity sector: A case study of Finland［J］. Journal of Energy Storage, 2021, 44: 103474.

　　[14] 刘坚．适应可再生能源消纳的储能技术经济性分析［J］．储能科学与技术，2022，11（1）：397-404.

　　[15] Liu T, Yang J, Yang Z, et al. Techno-economic feasibility of solar power plants considering PV/CSP with electrical/thermal energy storage system［J］. Energy Conversion and Management, 2022, 255: 115308.

　　[16] 蔡国伟，西禹霏，杨德友，等．基于风-氢的气电热联合系统模型的经济性能分析［J］．太阳能学报，2019，40（5）：1465-1471.

　　[17] 孙彩，李奇，邱宜彬，等．余电上网/制氢方式下微电网系统全生命周期经济性评估［J］．电网技术，2021，45（12）：4650-4660.

　　[18] 徐若晨，张江涛，刘明义，等．电化学储能及抽水蓄能全生命周期度电成本分析［J］．电工电能新技术，2021，40（12）：10-18.

　　[19] 何颖源，陈永翀，刘勇，等．储能的度电成本和里程成本分析［J］．电工电能新技术，2019，38（9）：1-10.

［20］朱寰，刘国静，张兴，等．天然气发电与电池储能调峰政策及经济性对比［J］．储能科学与技术，2021，10（6）：2392-2402.

［21］李雄，李培强．梯次利用动力电池规模化应用经济性及经济边界分析［J］．储能科学与技术，2022，11（2）：717-725.

［22］文军，刘楠，裴杰，等．储能技术全生命周期度电成本分析［J］．热力发电，2021，50（8）：24-29.

［23］Liu B，Liu S，Guo S，et al. Economic study of a large-scale renewable hydrogen application utilizing surplus renewable energy and natural gas pipeline transportation in China［J］. International Journal of Hydrogen Energy，2020，45（3）：1385-1398.

［24］Mostafa M H，Abdel Aleem S H E，Ali S G，et al. Techno-economic assessment of energy storage systems using annualized life cycle cost of storage（LCCOS）and levelized cost of energy（LCOE）metrics［J］. Journal of Energy Storage，2020，29：101345.

［25］邵志芳，吴继兰，赵强，等．风电制氢效费分析模型及仿真［J］．技术经济，2018，37（6）：69-75+129.

［26］刘英军，郝木凯，李广凯，等．风电储能项目经济效果评价研究——基于系统动力学的平准化成本模型及应用分析［J］．价格理论与实践，2021，449（11）：96-101.

［27］席星璇，熊敏鹏，袁家海．风电场发电侧配置储能系统的经济性研究［J］．智慧电力，2020，48（11）：16-21+47.

［28］Shabani M，Dahlquist E，Wallin F，et al. Techno-economic comparison of optimal design of renewable-battery storage and renewable micro pumped hydro storage power supply systems：A case study in Sweden［J］. Applied Energy，2020，279：115830.

［29］刘阳，滕卫军，谷青发，等．规模化多元电化学储能度电成本及

其经济性分析 [J]. 储能科学与技术, 2023, 12 (1): 312-318.

[30] Ayodele T R, Munda J L. Potential and economic viability of green hydrogen production by water electrolysis using wind energy resources in South Africa [J]. International Journal of Hydrogen Energy, 2019, 44 (33): 17669-17687.

[31] 王彦哲, 欧训民, 周胜. 基于学习曲线的中国未来制氢成本趋势研究 [J]. 气候变化研究进展, 2022, 18 (3): 283-293.

[32] Nasser M, Hassan H. Techno-enviro-economic analysis of hydrogen production via low and high temperature electrolyzers powered by PV/Wind turbines/Waste heat [J]. Energy Conversion and Management, 2023, 278: 116693.

[33] 郑励行, 赵黛青, 漆小玲, 等. 基于全生命周期评价的中国制氢路线能效、碳排放及经济性研究 [J]. 工程热物理学报, 2022, 43 (9): 2305-2317.

[34] Marocco P, Ferrero D, Gandiglio M, et al. A study of the techno-economic feasibility of H2-based energy storage systems in remote areas [J]. Energy Conversion and Management, 2020, 211: 112768.

[35] Tian W, Xi H. Comparative analysis and optimization of pumped thermal energy storage systems based on different power cycles [J]. Energy Conversion and Management, 2022, 259: 115581.

[36] 赵会茹, 陆昊, 张士营, 等. 计及外部性的储能系统价值测算及经济性评估 [J]. 技术经济, 2020, 39 (10): 19-26+53.

[37] Zhou Q, He Q, Lu C, et al. Techno-economic analysis of advanced adiabatic compressed air energy storage system based on life cycle cost [J]. Journal of Cleaner Production, 2020, 265: 121768.

[38] Fang R. Life cycle cost assessment of wind power-hydrogen coupled integrated energy system [J]. International Journal of Hydrogen Energy, 2019, 44 (56): 29399-29408.

［39］Zhao G，Nielsen E R，Troncoso E，et al. Life cycle ccst analysis：A case study of hydrogen energy application on the Orkney Islands ［J］. International Journal of Hydrogen Energy，2019，44（19）：9517-9528.

［40］王凌云，李佳勇，杨波．考虑电储能设备碳排放的综合能源系统低碳经济运行［J］. 科学技术与工程，2021，21（6）：2334-2342.

［41］Bareiß K，de la Rua C，Möckl M，et al. Life cycle assessment of hydrogen from proton exchange membrane water electrolysis in future energy systems ［J］. Applied Energy，2019，237：862-872.

［42］耿晓倩，徐玉杰，黄景坚，等．先进压缩空气储能系统全生命周期能耗及二氧化碳排放［J］. 储能科学与技术，2022，11（9）：2971-2979.

［43］Dehghani-Sanij A R，Tharumalingam E，Dusseault M B，et al. Study of energy storage systems and environmental challenges of batteries ［J］. Renewable and Sustainable Energy Reviews，2019，104：192-208.

［44］贾志杰，高峰，杜世伟，等．磷酸铁锂电池不同应用场景的生命周期评价［J］. 中国环境科学，2022，42（4）：1975-1984.

［45］薛冰娅，胡宇辰，吴昊慧，等．车载锂离子动力电沲组环境特性分析［J］. 环境化学，2022，41（2）：600-608.

［46］AlShafi M，Bicer Y. Life cycle assessment of compressed air，vanadium redox flow battery，and molten salt systems for renewable energy storage ［J］. Energy Reports，2021，7：7090-7105.

［47］Zhang J，Ling B，He Y，et al. Life cycle assessment of three types of hydrogen production methods using solar energy ［J］. International Journal of Hydrogen Energy，2022，47（30）：14158-14168.

［48］赵佳康．中国可再生能源弃电电解水制氢系统全生命周期评价及应用潜能分析［D］. 上海：上海交通大学，2020.

［49］Yudhistira R，Khatiwada D，Sanchez F. A comparative life cycle assessment of lithium-ion and lead-acid batteries for grid energy storage [J]. Journal of Cleaner Production, 2022, 358: 131999.

[50] 王小虎，楚春礼，曹植，等. 分布式光伏-储能系统经济-碳排放-能源效益实证分析——以山东省胶州光伏及其储能系统为例 [J]. 中国环境科学，2022, 42 (1): 402-414.

[51] Gandiglio M, Marocco P, Bianco I, et al. Life cycle assessment of a renewable energy system with hydrogen-battery storage for a remote off-grid community [J]. International Journal of Hydrogen Energy, 2022, 47 (77): 32822-32834.

[52] Wang Q, Liu W, Yuan X, et al. Environmental impact analysis and process optimization of batteries based on life cycle assessment [J]. Journal of Cleaner Production, 2018, 174: 1262-1273.

[53] Shi X, Liao X, Li Y. Quantification of fresh water consumption and scarcity footprints of hydrogen from water electrolysis: A methodology framework [J]. Renewable Energy, 2020, 154: 786-796.

[54] Yuan J, Luo X, Li Z, et al. Sustainable development evaluation on wind power compressed air energy storage projects based on multi-source heterogeneous data [J]. Renewable Energy, 2021, 169: 1175-1189.

[55] Li W, Ren X, Ding S, et al. A multi-criterion decision making for sustainability assessment of hydrogen production technologies based on objective grey relational analysis [J]. International Journal of Hydrogen Energy, 2020, 45 (59): 34385-34395.

[56] 翟一杰，张天祚，申晓旭，等. 生命周期评价方法研究进展 [J]. 资源科学，2021, 43 (3): 446-455.

[57] Dong H, Wu Y, Zhou J, et al. Optimal selection for wind power coupled hydrogen energy storage from a risk perspective, considering the participation of multi-stakeholder [J]. Journal of Cleaner Production, 2022, 356: 131853.

［58］ Wu Y, Chu H, Xu C. Risk assessment of wind－photovoltaic－hydrogen storage projects using an improved fuzzy synthetic evaluation approach based on cloud model：A case study in China ［J］. Journal of Energy Storage, 2021, 38：102580.

［59］ Yin Y, Liu J. Risk assessment of photovoltaic－Energy storage utilization project based on improved Cloud－TODIM in China ［J］. Energy, 2022, 253：124177.

［60］ Wu Y, Zhang T. Risk assessment of offshore wave－wind－solar－compressed air energy storage power plant through fuzzy comprehensive evaluation model ［J］. Energy, 2021, 223：120057.

［61］肖勇, 徐俊. 基于组合赋权与 TOPSIS 的储能电站电池安全运行风险评价 ［J］. 储能科学与技术, 2022, 11 (8)：2574-2584.

［62］马萧萧, 朱安平, 余蔚青, 等. 抽水蓄能电站建设期水土流失及其次生灾害风险评价 ［J］. 水土保持通报, 2022, 42 (2)：157-165.

［63］于璐, 张辉, 田培根, 等. 一种退役动力电池梯次利用储能系统安全评估方法 ［J］. 太阳能学报, 2022, 43 (5)：446-453.

［64］张宇, 白伟, 史砚磊, 等. 基于热失控风险指数的锂电池安全评价方法 ［J］. 北京航空航天大学学报, 2021, 47 (5)：912-918.

［65］吴岩, 田培根, 肖曦, 等. 基于前兆信息的可重构梯次电池储能系统安全风险评估 ［J］. 太阳能学报, 2022, 43 (4)：36-45.

［66］ Jahani H, Gholizadeh H, Hayati Z, et al. Investment risk assessment of the biomass－to－energy supply chain using system dynamics ［J］. Renewable Energy, 2023, 203：554-567.

［67］ Karatop B, Taşkan B, Adar E, et al. Decision analysis related to the renewable energy investments in Turkey based on a Fuzzy AHP－EDAS－Fuzzy FMEA approach ［J］. Computers & Industrial Engineering, 2021, 151：106958.

［68］ Xu F, Gao K, Xiao B, et al. Risk assessment for the integrated energy system using a hesitant fuzzy multi‒criteria decision‒making framework [J]. Energy Reports, 2022, 8: 7892‒7907.

［69］Albawab M, Ghenai C, Bettayeb M, et al. Sustainability Performance Index for Ranking Energy Storage Technologies using Multi‒Criteria Decision‒Making Model and Hybrid Computational Method [J]. Journal of Energy Storage, 2020, 32: 101820.

［70］Liu Y, Du J‒l. A multi criteria decision support framework for renewable energy storage technology selection [J]. Journal of Cleaner Production, 2020, 277: 122183.

［71］韩晓娟, 牟志国, 魏梓轩. 基于云模型的电化学储能工况适应性综合评估 [J]. 电力工程技术, 2022, 41 (4): 213‒219.

［72］Zhao H, Guo S, Zhao H. Comprehensive assessment for battery energy storage systems based on fuzzy‒MCDM considering risk preferences [J]. Energy, 2019, 168: 450‒461.

［73］伊力奇, 李涛, 张婷, 等. 海上风电‒海浪能与光伏‒压缩空气储能综合能源投资决策模型 [J]. 数学的实践与认识, 2021, 51 (14): 78‒88.

［74］Çolak M, Kaya İ. Multi‒criteria evaluation of energy storage technologies based on hesitant fuzzy information: A case study for Turkey [J]. Journal of Energy Storage, 2020, 28: 101211

［75］Yu Y, Wu S, Yu J, et al. A hybrid multi‒criteria decision‒making framework for offshore wind turbine selection: A case study in China [J]. Applied Energy, 2022, 328: 120173.

［76］Ridha H M, Gomes C, Hizam H, et al. Multi‒objective optimization and multi‒criteria decision‒making methods for optimal design of standalone photovoltaic system: A comprehensive review [J]. Renewable and Sustainable Energy Reviews, 2021, 135: 110202.

［77］Zhang Z, Liao H, Tang A. Renewable energy portfolio optimization with public participation under uncertainty: A hybrid multi-attribute multi-objective decision-making method ［J］. Applied Energy, 2022, 307: 118267.

［78］任嵘嵘, 阎明凤, 杨帮兴. 基于模糊多准则群决策的可持续项目选择模型 ［J］. 技术经济, 2019, 38（9）: 16-23.

［79］邵萌, 张淑蕾, 孙金伟, 等. 基于多准则决策方法的海岛风浪互补电站选址决策研究 ［J］. 中国海洋大学学报（自然科学版）, 2022, 52（4）: 120-129.

［80］Gao J, Men H, Guo F, et al. A multi-criteria decision-making framework for the location of photovoltaic power coupling hydrogen storage projects ［J］. Journal of Energy Storage, 2021, 44: 103469.

［81］Wu X, Liao H. Geometric linguistic scale and its application in multi-attribute decision - making for green agricultural product supplier selection ［J］. Fuzzy Sets and Systems, 2023, 458: 182-200.

［82］Guo F, Gao J, Liu H, et al. A hybrid fuzzy investment assessment framework for offshore wind-photovoltaic-hydrogen storage project ［J］. Journal of Energy Storage, 2022, 45: 103757.

［83］Yi L, Li T, Zhang T. Optimal investment selection of regional integrated energy system under multiple strategic objectives portfolio ［J］. Energy, 2021, 218: 119409.

［84］Seker S, Aydin N. Assessment of hydrogen production methods via integrated MCDM approach under uncertainty ［J］. International Journal of Hydrogen Energy, 2022, 47（5）: 3171-3184.

［85］Dhiman H S, Deb D. Fuzzy TOPSIS and fuzzy COPRAS based multi-criteria decision making for hybrid wind farms ［J］. Energy, 2020, 202: 117755.

［86］Liang Y, Ju Y, Dong P, et al. Sustainable evaluation of energy storage technologies for wind power generation: A multistage decision support framework under multi-granular unbalanced hesitant fuzzy linguistic environment [J]. Applied Soft Computing, 2022, 131: 109768.

[87] 刘吉成, 韦秋霜, 黄骏杰, 等. 基于区间二型模糊 TOPSIS 的风储联合发电系统协同决策研究 [J]. 技术经济, 2019, 38 (5): 110-116.

[88] Wu Y, Zhang T, Gao R, et al. Portfolio planning of renewable energy with energy storage technologies for different applications from electricity grid [J]. Applied Energy, 2021, 287: 116562.

[89] 冯喜春, 张松岩, 朱天瞳, 等. 基于区间二型模糊多属性决策方法的大规模储能选型分析 [J]. 高电压技术, 2021, 47 (11): 4123-4136.

[90] Wu Y, Zhang T, Yi L. An internal type-2 trapezoidal fuzzy sets-PROMETHEE-II based investment decision framework of compressed air energy storage project in China under the perspective of different investors [J]. Journal of Energy Storage, 2020, 30: 101548.

[91] 陈海生, 李泓, 马文涛, 等. 2021 年中国储能技术研究进展 [J]. 储能科学与技术, 2022, 11 (3): 1052-1076.

[92] 陈海生, 凌浩恕, 徐玉杰. 能源革命中的物理储能技术 [J]. 中国科学院院刊, 2019, 34 (4): 450-459.

[93] 郑琼, 江丽霞, 徐玉杰, 等. 碳达峰、碳中和背景下储能技术研究进展与发展建议 [J]. 中国科学院院刊, 2022, 37 (4): 529-540.

[94] 李季, 黄恩和, 范仁东, 等. 压缩空气储能技术研究现状与展望 [J]. 汽轮机技术, 2021, 63 (2): 86-89+126.

[95] De Rosa M, Afanaseva O, Fedyukhin A V, et al. Prospects and characteristics of thermal and electrochemical energy storage systems [J]. Journal of Energy Storage, 2021, 44: 103443.

[96] 李先锋, 张洪章, 郑琼, 等. 能源革命中的电化学储能技术 [J].

中国科学院院刊，2019，34（4）：443-449.

［97］Kakoulaki G，Kougias I，Taylor N，et al. Green hydrogen in Europe-A regional assessment：Substituting existing production with electrolysis powered by renewables［J］. Energy Conversion and Management，2021，228：113649.

［98］曹军文，郑云，张文强，等. 能源互联网推动下的氢能发展［J］. 清华大学学报（自然科学版），2021，61（4）：302-311.

［99］蒋敏华，肖平，刘入维，等. 氢能在我国未来能源系统中的角色定位及"再电气化"路径初探［J］. 热力发电，2020，49（1）：1-9.

［100］徐硕，余碧莹. 中国氢能技术发展现状与未来展望［J］. 北京理工大学学报（社会科学版），2021，23（6）：1-12.

［101］Yang Y，De La Torre B，Stewart K，et al. The scheduling of alkaline water electrolysis for hydrogen production using hybrid energy sources［J］. Energy Conversion and Management，2022，257：115408.

［102］Mazzeo D，Herdem M S，Matera N，et al. Green hydrogen production：Analysis for different single or combined large-scale photovoltaic and wind renewable systems［J］. Renewable Energy，2022，200：360-378.

［103］Okunlola A，Davis M，Kumar A. The development of an assessment framework to determine the technical hydrogen production potential from wind and solar energy［J］. Renewable and Sustainable Energy Reviews，2022，166：112610.

［104］李彦平，刘大海，罗添. 陆海统筹在国土空间规划中的实现路径探究——基于系统论视角［J］. 环境保护，2020，48（9）：50-54.

［105］李彦平，王煜萍，曹诚为，等. 基于区际负外部性理论的海岸带空间用途管制研究［J］. 地理研究，2022，41（10）：2600-2614.

［106］赵世军，董晓辉，旷毓君. 系统论视域下我国科技安全治理的机理和路径研究［J］. 系统科学学报，2023，31（4）：73-78.

［107］陈启梅，郑春晓，李海英. 基于文献计量的储能技术国际发展态

势分析 [J]. 储能科学与技术，2020，9（1）：296-305.

[108] 陈海生，刘畅，徐玉杰，等. 储能在碳达峰碳中和目标下的战略地位和作用 [J]. 储能科学与技术，2021，10（5）：1477-1485.

[109] 相晨曦，陈占明，郑新业. 环境外部性对出口结构和贸易政策选择的影响——基于中国高耗能产业的证据 [J]. 中国人口·资源与环境，2021，31（6）：45-56.

[110] 高文文，张占录，张远索. 外部性理论下的国土空间规划价值探讨 [J]. 当代经济管理，2021，43（5）：80-85.

[111] Jiang J，Zhang L，Wen X，et al. Risk-based performance of power-to-gas storage technology integrated with energy hub system regarding downside risk constrained approach [J]. International Journal of Hydrogen Energy，2022，47（93）：39429-39442.

[112] Egli F. Renewable energy investment risk：An investigation of changes over time and the underlying drivers [J]. Energy Policy，2020，140：111428.

[113] Li J，Chen J，Yuan Z，et al. Multi-objective risk-constrained optimal performance of hydrogen-based multi energy systems for future sustainable societies [J]. Sustainable Cities and Society，2022，87：104176.

[114] 顾程. 抽水蓄能电站工程项目全寿命周期风险管理及应用研究 [D]. 广州：华南理工大学，2017.

[115] Dong W，Zhao G，Yüksel S，et al. A novel hybrid decision making approach for the strategic selection of wind energy projects [J]. Renewable Energy，2022，185：321-337.

[116] Zhong C，Yang Q，Liang J，et al. Fuzzy comprehensive evaluation with AHP and entropy methods and health risk assessment of groundwater in Yinchuan Basin，northwest China [J]. Environmental Research，2022，204：111956.

[117] Wu Y，Xu C，Zhang B，et al. Sustainability performance assessment

of wind power coupling hydrogen storage projects using a hybrid evaluation technique based on interval type-2 fuzzy set [J]. Energy, 2019, 179: 1176-1190.

[118] Maisanam A K S, Biswas A, Sharma K K. An innovative framework for electrical energy storage system selection for remote area electrification with renewable energy system: Case of a remote village in India [J]. Journal of Renewable and Sustainable Energy, 2020, 12 (2): 024101.

[119] Wu Y, Zhang T, Zhong K, et al. Optimal planning of energy storage technologies considering thirteen demand scenarios from the perspective of electricity Grid: A Three-Stage framework [J]. Energy Conversion and Management, 2021, 229: 113789.

[120] 乌云娜, 张婷, 伊力奇, 等. 基于模糊环境下面向能源互联网多种储能项目建设决策研究 [J]. 科技管理研究, 2021, 41 (3): 164-169.

[121] İlbahar E, Çolak M, Karaşan A, et al. A combined methodology based on Z-fuzzy numbers for sustainability assessment of hydrogen energy storage systems [J]. International Journal of Hydrogen Energy, 2022, 47 (34): 15528-15546.

[122] 李光荣, 杨锦绣, 黄颖. 基于事件树与模糊集理论的产业链协同并购风险评价研究 [J]. 技术经济, 2020, 39 (12): 26-35.

[123] Yilmaz C. Life cycle cost assessment of a geothermal power assisted hydrogen energy system [J]. Geothermics, 2020, 83: 101737.

[124] 樊燕萍, 高圆, 李越. 碳中和与企业全生命周期成本的系统性分析 [J]. 系统科学学报, 2023, 31 (4): 79-84.

[125] Fragiacomo P, Genovese M. Technical-economic analysis of a hydrogen production facility for power-to-gas and hydrogen mobility under different renewable sources in Southern Italy [J]. Energy Conversion and Management, 2020, 223: 113332.

［126］Li H，Yao X，Tachega M A，et al. Path selection for wind power in China：Hydrogen production or underground pumped hydro energy storage？［J］. Journal of Renewable and Sustainable Energy，2021，13（3）：035901.

［127］张春雨，李慧敏. 基于模糊经济计算的引水工程投资决策研究［J］. 技术经济，2021，40（1）：12-19.

［128］张萍香. 企业项目投资决策净现值法研究［J］. 重庆理工大学学报（自然科学），2020，34（2）：252-258.

［129］聂洪光，刘尚奇，莫建雷. 补贴"退坡"背景下可再生能源发电激励政策及发展路径研究——基于拓展的平准化度电成本模型［J］. 中国地质大学学报（社会科学版），2022，22（6）：66-81.

［130］邵志芳，吴继兰. 基于动态电价风光电制氢容量配置优化［J］. 太阳能学报，2020，41（8）：227-235.

［131］中国电力企业联合会. 中国电力统计年鉴［M］. 北京：中国统计出版社，2021：26-36.

［132］李建林，李光辉，马速良，等. 碳中和目标下制氢关键技术进展及发展前景综述［J］. 热力发电，2021，50（6）：1-8.

［133］International Energy Agency. The future of hydrogen–Seizing today's opportunities［R］. France：IEA，2019.

［134］中国氢能联盟，中国电动汽车百人会. 中国氢能产业发展报告［R］. 北京：中国电动汽车百人会，2020.

［135］车百智库，百人会氢能中心. 中国氢能产业发展报告［R］. 北京：百人会氢能中心，2022.

［136］International Organization for Standardization（ISO）. ISO 14040 Environmental Management Life Cycle Assessment General Principles and Framework［S］. Geneva：ISO，1997.

［137］武琛昊，孙启宏，段华波，等. 基于生命周期评价的光伏产业技

术进步与经济成本分析 [J]. 环境工程技术学报，2022，12（3）：957-966.

[138] 向宁，王礼茂，屈秋实，等. 基于生命周期评估的海、陆风电系统排放对比 [J]. 资源科学，2021，43（4）：745-755.

[139] Kapila S，Oni A O，Gemechu E D，et al. Development of net energy ratios and life cycle greenhouse gas emissions of large-scale mechanical energy storage systems [J]. Energy，2019，170：592-603.

[140] 姚西龙，葛帅帅，郭枝，等. 废弃煤炭井巷抽水储能的全生命周期成本研究 [J]. 中国矿业，2020，29（10）：50-56+65.

[141] 张智慧，王媛，柴立和，等. 城市垃圾与污水污泥能源化处置方案对比——基于两种生命周期影响评价方法 [J]. 资源科学，2022，44（4）：860-870.

[142] 魏逸群. 海上风电场生命周期的资源消耗与环境影响比较研究 [D]. 厦门：厦门大学，2019.

[143] Ilbahar E，Kahraman C，Cebi S. Risk assessment of renewable energy investments：A modified failure mode and effect analysis based on prospect theory and intuitionistic fuzzy AHP [J]. Energy，2022，239：121907.

[144] 廖宏斌，袁年兴. 工程项目投资决策的评价指标与评价方法 [J]. 统计与决策，2021，37（14）：181-185.

[145] 温家隆，张满银，何维达. 东北振兴规划实施成效评估研究——基于多层次模糊综合评价方法 [J]. 经济问题，2020，491（7）：97-105+122.

[146] Zadeh L A. The concept of a linguistic variable and its application to approximate reasoning-III [J]. Information Sciences，1975，9（1）：43-80.

[147] 刘超，汤国林，刘培德. 基于模糊测度与累积前景理论的区间二型模糊多准则决策方法 [J]. 运筹与管理，2020，29（9）：70-81.

[148] 王凤，平轶男，周礼刚，等. 一种基于新的区间二型梯形模糊相似测度的多属性群决策方法 [J]. 运筹与管理，2019，28（4）：33-41.

［149］Lu Z, Gao Y, Xu C. Evaluation of energy management system for regional integrated energy system under interval type－2 hesitant fuzzy environment ［J］. Energy, 2021, 222：119860.

［150］齐春泽. 基于梯形模糊 MULTIMOORA 的混合多属性群决策方法 ［J］. 统计与决策, 2019, 35（5）：41-45.

［151］江婉舒, 周立志, 周小春. 基于熵权法的安徽省湿地重要性评估 ［J］. 长江流域资源与环境, 2021, 30（5）：1164-1174.

［152］Torkayesh A E, Rajaeifar M A, Rostom M, et al. Integrating life cycle assessment and multi criteria decision making for sustainable waste management：Key issues and recommendations for future studies ［J］. Renewable and Sustainable Energy Reviews, 2022, 168：112819.

［153］Baumann M, Weil M, Peters J F, et al. A review of multi－criteria decision making approaches for evaluating energy storage systems for grid applications ［J］. Renewable and Sustainable Energy Reviews, 2019, 107：516-534.

［154］Namin F S, Ghadi A, Saki F. A literature review of Multi Criteria Decision－Making （MCDM） towards mining method selection （MMS） ［J］. Resources Policy, 2022, 77：102676.

［155］耿秀丽, 周青超. 基于概率语言 BWM 与 PROMETHEE Ⅱ 的多准则决策方法 ［J］. 运筹与管理, 2020, 29（6）：124-129.

［156］Li H, Yao X, Tachega M A, et al. Technology selection for hydrogen production in China by integrating emergy into life cycle sustainability assessment ［J］. Journal of Cleaner Production, 2021, 294：126303.

［157］Brans J P, Vincke P. Note—a preference ranking organisation method：the PROMETHEE method for multiple criteria decision－making ［J］. Management Science, 1985, 31（6）：647-656.

［158］Brans J P, Vincke P, Mareschal B. How to select and how to rank projects: The Promethee method [J]. European Journal of Operational Research, 1986, 24 (2): 228-238.

[159] Ayough A, Boshruei S, Khorshidvand B. A new interactive method based on multi-criteria preference degree functions for solar power plant site selection [J]. Renewable Energy, 2022, 195: 1165-1173.

[160] Hottenroth H, Sutardhio C, Weidlich A, et al. Beyond climate change. Multi-attribute decision making for a sustainability assessment of energy system transformation pathways [J]. Renewable and Sustainable Energy Reviews, 2022, 156: 111996.

[161] Roinioti A, Koroneos C. Integrated life cycle sustainability assessment of the Greek interconnected electricity system [J]. Sustainable Energy Technologies and Assessments, 2019, 32: 29-46.

[162] Tarpani R R Z, Azapagic A. Life cycle sustainability assessment of advanced treatment techniques for urban wastewater reuse and sewage sludge resource recovery [J]. Science of The Total Environment, 2023, 869: 161771.